Matemática para o Ensino Fundamental

Caderno de Atividades
8º ano
volume 2

1ª Edição

Manoel Benedito Rodrigues
Carlos Nely C. de Oliveira
Mário Abbondati

São Paulo
2020

Digitação, Diagramação :   Sueli Cardoso dos Santos - suly.santos@gmail.com
Elizabeth Miranda da Silva - elizabeth.ms2015@gmail.com

www.editorapolicarpo.com.br
contato: contato@editorapolicarpo.com.br

Dados Internacionais de Catalogação, na Publicação (CIP)

(Câmara Brasileira do Livro, SP, Brasil)

Rodrigues, Manoel Benedito. Oliveira, Carlos Nely C. de.

Abbondati, Mário

Matématica / Manoel Benedito Rodrigues. Carlos Nely C. de Oliveira. Mário Abbondati
- São Paulo: Editora Policarpo, **1ª Ed.** - **2020**
ISBN: 978-85-7237-013-4
1. Matemática 2. Ensino fundamental
I. Rodrigues, Manoel Benedito II. Título.

Índices para catálogo sistemático:

Todos os direitos reservados à:
EDITORA POLICARPO LTDA
Rua Dr. Rafael de Barros, 175 - Conj. 01
São Paulo - SP - CEP: 04003-041
Tel./Fax: (11) 3288 - 0895
Tel.: (11) 3284 - 8916

Índice

I	**PRODUTOS NOTÁVEIS**...	**01**
II	**FATORAÇÃO**..	**57**
III	**TRIÂNGULOS**...	**93**
IV	**CONSTRUÇÕES GEOMÉTRICAS**...	**111**

PRODUTOS NOTÁVEIS

Assim como os produtos notáveis da aritmética (tabuada da adição, subtração, multiplicação e divisão) são importantes para que possamos resolver os exercícios e problemas com mais facilidade e segurança, os produtos notáveis da álgebra fazem com que as resoluções dos problemas em álgebra sejam mais simples e mais interessantes.

Os produtos notáveis também fornecem uma base sólida para o estudo da fatoração que é ferramenta indispensável para o estudo das frações algébricas e equações fracionárias.

Após o estudo de produtos notáveis podemos resolver problemas do tipo:

1) Se a e b são números reais e $a + b = 64$ e $a \cdot b = 1023$, determinar $a^2 + b^2$

2) Se x e y são números reais positivos e $x^2 + y^2 = 145$ e $xy = 72$, determinar $x + y$.

3) Se $a + b = 15$ e $a^2 - ab + b^2 = 273$, determinar $a^3 + b^3$.

4) Se $a^3 - b^3 = 91$ e $a^2 + ab + b^2 = 13$ determinar $a^2 - 2ab + b^2$

Faça como exemplo as seguintes multiplicações e veja se observando atentamente os resultados, você consegue tirar conclusões.

1) $(a + b)(a - b) =$

2) $(3x + 5)(3x - 5) =$

3) $(3 - 7x)(3 + 7x) =$

4) $(5x + 8)(5x - 8) =$

---

5) $(a + b)(a^2 - ab + b^2) =$

6) $(2x + 3)(4x^2 - 6x + 9) =$

7) $(x + y)(x^2 - xy + y^2) =$

---

8) $(a - b)(a^2 + ab + b^2) =$

9) $(x - y)(x^2 + xy + y^2) =$

10) $(2x - 3)(4x^2 + 6x + 9) =$

Potências de monômios com expoente inteiro positivo

Propriedades: $(a^m)^n = a^{m \cdot n}$ $(ab)^n = a^n \cdot b^n$

Exemplos:
1) $(x^3)^4 = x^{3 \cdot 4} = x^{12}$
2) $(x^5 y^3)^4 = (x^5)^4 \cdot (y^3)^4 = x^{20} y^{12}$
3) $(2x^4 y^3)^5 = 32 x^{20} y^{15}$
4) $(-3xy^3)^4 = 81 x^4 y^{12}$

1 Determinar as seguintes potências:

a) $(x^2 y^3)^3 =$

b) $(a^5 b^3)^6 =$

c) $(ac)^5 =$

d) $(xy)^3 =$

e) $(3x^2 y^3)^3 =$

f) $(-3x^3 y^2)^3 =$

g) $(-5x^5 y^4)^2 =$

h) $(-2m^2 n^3)^6 =$

i) $(-5m^5 x^2)^3 =$

j) $(-3ax^3)^2 =$

k) $\left(-\dfrac{3}{4} ax^4\right)^3 =$

l) $\left(-\dfrac{2}{3} mx^6\right)^4 =$

m) $\left(-\dfrac{4}{3} x^3 y^4\right)^2 =$

n) $\left(\dfrac{5}{9} x^5 y^9\right)^2 =$

o) $(-6x^6 y)^2 =$

p) $(-7x^3 y^7)^2 =$

2 Determinar o quadrado dos seguintes monômios:

a) $5x^3 y^5 \rightarrow$

b) $-6x^4 y^6 \rightarrow$

c) $-9ax^3 \rightarrow$

d) $-8xy \rightarrow$

e) $-\dfrac{7}{11} ax^2 \rightarrow$

f) $\dfrac{12}{17} mx^4 \rightarrow$

3 Determinar o cubo dos seguintes monômios:

a) $2x^4 y^5 \rightarrow$

b) $-2x^3 y^2 \rightarrow$

c) $4xy^6 \rightarrow$

d) $-5acx^2 \rightarrow$

e) $-\dfrac{3}{4} xy \rightarrow$

f) $-\dfrac{4}{5} xy^7 \rightarrow$

4 Em cada caso são dados dois monômios, determinar, **mentalmente**, o **dobro do produto** deles:

a) x, y →

b) 3x, y →

c) m, 5n →

d) 5x, 3y →

e) 7x, 3y →

f) 6m, 5n →

g) $3x^2$, $4y^3$ →

h) $2x^3$, $6y^4$ →

i) $3x^2y$, $5xy^2$ →

j) $2m^3n$, $5mn^3$ →

k) $\frac{3}{2}x^2$, $5x$ →

l) $\frac{5}{4}x$, $2y$ →

Produtos Notáveis (Alguns casos)

1º caso: Produto da soma pela diferença

$(a + b)(a - b) = a^2 - ab + ab - b^2 = a^2 - b^2$

Então: $(a + b)(a - b) = a^2 - b^2$

"O produto da soma de dois termos, pela diferença desses mesmos termos é igual ao **quadrado do 1º menos o quadrado do 2º**."

Exemplos:

1) $(r + s)(r - s) = r^2 - s^2$

2) $(m - n)(m + n) = m^2 - n^2$

3) $(3x^3 + 7)(3x^3 - 7) = 9x^6 - 49$

4) $(9 - 5xy)(9 + 5xy) = 81 - 25x^2y^2$

---

5 Determinar os produtos:

a) $(x + y)(x - y) =$

b) $(x - y)(x + y) =$

c) $(3x + 4)(3x - 4) =$

d) $(7x^3 + 3)(7x^3 - 3) =$

e) $(4x^5 - 6y)(4x^5 + 6y) =$

f) $(7x^3 + 5y^5)(7x^3 - 5y^5) =$

g) $(9x - 11)(9x + 11) =$

h) $(8x + 3)(8x - 3) =$

i) $(3xy + 1)(3xy - 1) =$

j) $(5 - 3m^3)(5 + 3m^3) =$

k) $(2x - 4x^4)(2x + 4x^4) =$

l) $(1 + 4xy)(1 - 4xy) =$

m) $\left(\frac{2}{3}x^3 + \frac{5}{4}y^4\right)\left(\frac{2}{3}x^3 - \frac{5}{4}y^4\right) =$

n) $\left(\frac{3}{7} - x^3\right)\left(\frac{3}{7} + x^3\right) =$

6 Determinar:

a) $(x + 8)(x - 8) =$

b) $(x - 7)(x + 7) =$

c) $(3x + 1)(3x - 1) =$

d) $(5x - 2)(5x + 2) =$

e) $(3y - 10)(3y + 10) =$

f) $(3a + 7)(3a - 7) =$

g) $(5 + 8x)(5 - 8x) =$

h) $(7 - 11m)(7 + 11m) =$

Produtos Notáveis

2º caso: **Quadrado da soma**

$(a + b)^2 = (a + b)(a + b) = a^2 + ab + ab + b^2 = a^2 + 2ab + b^2$

Então: $(a + b)^2 = a^2 + 2ab + b^2$

"O quadrado da soma de dois termos é igual ao quadrado do 1º, mais o dobro do produto do 1º pelo 2º, mais o quadrado do 2º."

Exemplos:

1) $(r + s)^2 = r^2 + 2rs + s^2$

2) $(3x + 5)^2 = 9x^2 + 30x + 25$

3) $(7x^4 + 4)^2 = 49x^8 + 56x^4 + 16$

4) $(5 + 3x^3)^2 = 25 + 30x^3 + 9x^6$

---

7 Determinar os produtos:

a) $(x + y)^2 =$

b) $(y + x)^2 =$

c) $(5x + 4)^2 =$

d) $(4x + 5)^2 =$

e) $(3y + 7)^2 =$

f) $(7 + 3y)^2 =$

g) $(8x + 1)^2 =$

h) $(2y + 5)^2 =$

i) $(7x + 5)^2 =$

j) $(7 + 2y)^2 =$

k) $(3x^3 + 5y^5)^2 =$

l) $(4x^4 + 7y^7)^2 =$

m) $(5x^3 + 2x^2)^2 =$

n) $(6x^6 + 5x^5)^2 =$

o) $(m^3 + m^2)^2 =$

p) $(n^5 + 9n^3)^2 =$

q) $(x + 9)^2 =$

r) $(x + 11)^2 =$

s) $(2x + 13)^2 =$

t) $(3x + 1)^2 =$

u) $\left(\dfrac{2}{3}x + \dfrac{3}{2}\right)^2 =$

v) $\left(x + \dfrac{5}{2}\right)^2 =$

Produto Notáveis

3º caso: Quadrado da diferença

$(a - b)^2 = (a - b)(a - b) = a^2 - ab - ab + b^2 = a^2 - 2ab + b^2$

Então: $(a - b)^2 = a^2 - 2ab + b^2$

"O quadrado da diferença de dois termos é igual ao quadrado do 1º, menos o dobro do produto do 1º pelo 2º, mais o quadrado do 2º."

Exemplos:

1) $(r - s)^2 = r^2 - 2rs + s^2$
2) $(3x - 5)^2 = 9x^2 - 30x + 25$
3) $(5x^5 - 6)^2 = 25x^{10} - 60x^5 + 36$
3) $(7 - 4x^4)^2 = 49 - 56x^4 + 16x^8$

8 Determinar os produtos:

a) $(x - y)^2 =$

b) $(y - x)^2 =$

c) $(5x - 4)^2 =$

d) $(4 - 5x)^2 =$

e) $(3y - 7)^2 =$

f) $(4m - 5)^2 =$

g) $(5 - 8x)^2 =$

h) $(8x - 5)^2 =$

i) $(7x - y)^2 =$

j) $(x - 9y)^2 =$

k) $(5x - 1)^2 =$

l) $(1 - 7x)^2 =$

m) $(3x - 7y)^2 =$

n) $(7y - 2x)^2 =$

o) $(3x^3 - 4y^4)^2 =$

p) $(5x^5 - 6y^6)^2 =$

q) $(3x^3 - 4y^4)^2 =$

r) $(2x^3 - 9x^2)^2 =$

s) $(3x^4 - 5x^3)^2 =$

t) $(7 - 3x^7)^2 =$

u) $(12x - 1)^2 =$

v) $(1 - 14x)^2 =$

w) $\left(\dfrac{1}{5}x - \dfrac{5}{2}\right)^2 =$

x) $\left(x - \dfrac{7}{2}\right)^2 =$

Resp: **1** a) x^6y^9 b) $a^{30}b^{18}$ c) a^5c^5 d) x^3y^3 e) $27x^6y^9$ f) $-27x^9y^6$ g) $25x^{10}y^8$ h) $64m^{12}n^{18}$ i) $-125m^{15}x^6$

j) $9a^2x^6$ k) $-\dfrac{27}{64}a^3x^{12}$ l) $\dfrac{16}{81}m^4x^{24}$ m) $\dfrac{16}{9}x^6y^8$ n) $\dfrac{25}{81}x^{10}y^{18}$ o) $36x^{12}y^2$ p) $49x^6y^{14}$

2 a) $25x^6y^{10}$ b) $36x^8y^{12}$ c) $81a^2x^6$ d) $64x^2y^2$ e) $\dfrac{49}{121}a^2x^4$ f) $\dfrac{144}{289}m^2x^8$ **3** a) $8x^{12}y^{15}$

b) $-8x^9y^6$ c) $64x^3y^{18}$ d) $-125a^3c^3x^6$ e) $-\dfrac{27}{64}x^3y^3$ f) $-\dfrac{64}{125}x^3y^{21}$ **4** a) $2xy$ b) $6xy$

c) $10mn$ d) $30xy$ e) $42xy$ f) $60mn$ g) $24x^2y^3$ h) $24x^3y^4$ i) $30x^3y^3$ j) $20m^4n^4$

k) $15x^3$ l) $5xy$ **5** a) $x^2 - y^2$ b) $x^2 - y^2$ c) $9x^2 - 16$ d) $49x^6 - 9$ e) $16x^{10} - 36y^2$ f) $49x^6 - 25y^{10}$

g) $81x^2 - 121$ h) $64x^2 - 9$ i) $9x^2y^2 - 1$ j) $25 - 9m^6$ k) $4x^2 - 16x^8$ l) $1 - 16x^2y^2$ m) $\dfrac{4}{9}x^6 - \dfrac{25}{16}y^8$ n) $\dfrac{9}{49} - x^6$

Produtos Notáveis

4º caso: **Produto do tipo (x + a)(x + b)**

$(x + a)(x + b) = x^2 + ax + bx + ab = x^2 + (a + b)x + ab$

Então: $(x + a)(x + b) = x^2 + (a + b)x + ab$

Exemplos:
1) $(x + 5)(x + 3) = x^2 + (5 + 3)x + 5 \cdot 3$
    $= x^2 + 8x + 15$
2) $(x - 7)(x + 2) = (x + (-7))(x + 2)$
    $x^2 + (-7 + 2)x + (-7)(2) = x^2 - 5x - 14$
3) $(x + 6)(x + 4) = x^2 + 10x + 24$
4) $(x - 4)(x + 6) = x^2 + 2x - 24$
5) $(y - 5)(y - 2) = y^2 - 7y + 10$
6) $(x - 5)(x + 4) = x^2 - x - 20$

9 Determinar os produtos:

a) $(x + 5)(x + 4) =$

b) $(y + 7)(y + 2) =$

c) $(x + 1)(x + 3) =$

d) $(y + 9)(y + 1) =$

e) $(y + 6)(y + 7) =$

f) $(m + 8)(m + 3) =$

g) $(x - 7)(x - 3) =$

h) $(x - 8)(x - 2) =$

i) $(y - 5)(y - 8) =$

j) $(y - 5)(y - 2) =$

k) $(m - 5)(m - 4) =$

l) $(m - 5)(m - 6) =$

10 Determinar:

a) $(x + 7)(x - 4) =$

b) $(x - 7)(x + 4) =$

c) $(y - 5)(y + 8) =$

d) $(y - 5)(y + 2) =$

e) $(a - 6)(a + 3) =$

f) $(a + 7)(a - 2) =$

g) $(n - 4)(n + 3) =$

h) $(m + 5)(m - 4) =$

i) $(a - 6)(a + 5) =$

j) $(a - 6)(a + 7) =$

k) $(x - 2)(x + 1) =$

l) $(x + 2)(x - 1) =$

m) $(x + 3)(x - 2) =$

n) $(x - 3)(x + 2) =$

o) $(x + 9)(x - 7) =$

p) $(x - 8)(x + 7) =$

q) $(x - 10)(x + 12) =$

r) $(y + 12)(y - 13) =$

11 Determinar:

a) (x + 9)(x + 4) =

b) (x + 5)(x + 5) =

c) (y + 7)(y – 10) =

d) (y – 8)(y – 8) =

e) (a + 7)(a – 2) =

f) (a + 7)(a + 7) =

g) (x – 6)(x – 6) =

h) (n + 9)(n + 9) =

12 Determinar:

a) (x + 3)(x + 5) =

b) (x + 3a)(x + 5a) =

c) (x – 6)(x + 2) =

d) (x – 6a)(x + 2a) =

e) (y + 2a)(y + 3a) =

f) (y – 3a)(y – 5a) =

g) (y + 7n)(y – 5n) =

h) (x + 5y)(x + 3y) =

i) (x – 6y)(x – 2y) =

j) (x – 6y)(x + 3y) =

k) (x – 4y)(x + 3y) =

l) (x – 5y)(x + 6y) =

Produtos Notáveis (Revisão)

$(x + y)(x - y) = x^2 - y^2$

$(x + y)^2 = x^2 + 2xy + y^2$

$(x - y)^2 = x^2 - 2xy + y^2$

$(x + a)(x + b) = x^2 + (a + b)x + ab$

Para fazer os próximos exercícios, considerar também, as propriedades:

$(-x)^2 = (x)^2$ e $(-x)(-y) = (x)(y)$. Então:

$(-a - b)^2 = (a + b)^2$

$(-a + b)^2 = (a - b)^2$

$(-a - b)(-a + b) = (a + b)(a - b)$

Resp:

6 a) $x^2 - 64$ b) $x^2 - 49$ c) $9x^2 - 1$ d) $25x^2 - 4$ e) $9y^2 - 100$ f) $9a^2 - 49$ g) $25 - 64x^2$ h) $49 - 121m^2$

7 a) $x^2 + 2xy + y^2$ b) $x^2 + 2xy + y^2$ c) $25x^2 + 40x + 16$ d) $16x^2 + 40x + 25$ e) $9y^2 + 42y + 49$ f) $49 + 42y + 9y^2$

g) $64x^2 + 16x + 1$ h) $4y^2 + 20y + 25$ i) $49x^2 + 70x + 25$ j) $4y^2 + 28y + 49$ k) $9x^6 + 30x^3y^5 + 25y^{10}$

l) $16x^8 + 56x^4y^7 + 49y^{14}$ m) $25x^6 + 20x^5 + 4x^4$ n) $36x^{12} + 60x^{11} + 25x^{10}$ o) $m^6 + 2m^5 + m^4$ p) $n^{10} + 18n^8 + 81n^6$

q) $x^2 + 18x + 81$ r) $x^2 + 22x + 121$ s) $4x^2 + 52x + 169$ t) $9x^2 + 6x + 1$ u) $\frac{4}{9}x^2 + 2x + \frac{9}{4}$ v) $x^2 + 5x + \frac{25}{4}$

8 a) $x^2 - 2xy + y^2$ b) $x^2 - 2xy + y^2$ c) $25x^2 - 40x + 16$ d) $25x^2 - 40x + 16$ e) $9y^2 - 42y + 49$

f) $16m^2 - 40m + 25$ g) $25 - 80x + 64x^2 = 64x^2 - 80x + 25$ h) $64x^2 - 80x + 25$ i) $49x^2 - 14xy + y^2$

j) $x^2 - 18xy + 81y^2$ k) $25x^2 - 10x + 1$ l) $49x^2 - 14x + 1$ m) $9x^2 - 42xy + 49y^2$ n) $49y^2 - 28yx + 4x^2$

o) $9x^6 - 24x^3y^4 + 16y^8$ p) $25x^{10} - 60x^5y^6 + 36y^{12}$ q) $9x^6 - 24x^3y^4 + 16y^8$ r) $4x^6 - 36x^5 + 81x^4$

s) $9x^8 - 30x^7 + 25x^6$ t) $49 - 42x^7 + 9x^{14}$ u) $144x^2 - 24x + 1$ v) $196x^2 - 28x + 1$ w) $\frac{1}{25}x^2 - x + \frac{25}{4}$ x) $x^2 - 7x + \frac{49}{4}$

13 Observar atentamente cada item, identificar o caso de **produto notável** em questão e determinar os produtos:

a) $(x + y)(x - y) =$

b) $(x + y)^2 =$

c) $(x - y)^2 =$

d) $(x + 7)(x + 4) =$

e) $(3x + y)(3x - y) =$

f) $(3x + y)^2 =$

g) $(3x - y)^2 =$

h) $(x - 5)(x - 8) =$

i) $(3x + 8y)^2 =$

j) $(7x - y)^2 =$

k) $(x + 8)(x - 2) =$

l) $(8x + 7)(8x - 7) =$

m) $(2 - 9xy)^2 =$

n) $(x - 9)(x + 5) =$

o) $(1 + 3xy)(1 - 3xy) =$

p) $(9x + 5)^2 =$

q) $(5x - 3y)(5x - 3y) =$

r) $(6x + 3y)(6x + 3y) =$

s) $(x + 8)(x + 6) =$

t) $(x + 8a)(x + 6a) =$

14 Efetuar:

a) $(-7x - 3y)^2 =$

b) $(-9x + 3y)^2 =$

c) $(-5x - 7y)(-5x + 7y) =$

d) $(-x - 8)(-x - 4) =$

e) $(-x + 5y)^2 =$

f) $(-8x - 3)(-8x + 3) =$

g) $(-9x + 5)(-9x - 5) =$

h) $(-x - 7)(-x + 3) =$

i) $(-5x - 3y)(-5x - 3y) =$

j) $(-4x + 7y)(-4x + 7y) =$

k) $(-x + 8a)(-x - 4a) =$

l) $(-x - 5y)(-x + 9y) =$

15 Usando produtos notáveis determinar os produtos e, reduzindo os termos semelhantes, simplificar a expressão, nos casos:

a) $2(3x-2)^2 - 3(2x+3)(2x-3) + 20x$

b) $3(x+3)(x+2) - 2(2x+3)^2 + 6x^2$

c) $3(2x+5)^2 - (x+5)(x-5) - 10x$

d) $2(x+4)(x-4) - 3(x+3)(x-4) + x^2$

e) $2(2x-1)^2 - 3(x-3)^2 + 30$

f) $-2(x-7)(x+5) - 3(x+5)(x-4) + 5x^2$

g) $-(x+4)^2 - 2(x-5)(x+6) - 44$

h) $-(x+3)(x-4) - (x-5)^2 + 3x^2$

i) $2(3x-5)(3x+5) - (2x-5)^2$

j) $2(x+8)(x-3) - 3(2x-4)(2x+4)$

Resp:

9 a) $x^2 + 9x + 20$ b) $y^2 + 9y + 14$ c) $x^2 + 4x + 3$ d) $y^2 + 10y + 9$ e) $y^2 + 13y + 42$ f) $m^2 + 11m + 24$
g) $x^2 - 10x + 21$ h) $x^2 - 10x + 16$ i) $y^2 - 13y + 40$ j) $y^2 - 7y + 10$ k) $m^2 - 9m + 20$ l) $m^2 - 11m + 30$

10 a) $x^2 + 3x - 28$ b) $x^2 - 3x - 28$ c) $y^2 + 3y - 40$ d) $y^2 - 3y - 10$ e) $a^2 - 3a - 18$ f) $a^2 + 5a - 14$
g) $n^2 - n - 12$ h) $m^2 + m - 20$ i) $a^2 - a - 30$ j) $a^2 + a - 42$ k) $x^2 - x - 2$ l) $x^2 + x - 2$
m) $x^2 + x - 6$ n) $x^2 - x - 6$ o) $x^2 + 2x - 63$ p) $x^2 - x - 56$ q) $x^2 + 2x - 120$ r) $y^2 - y - 156$

11 a) $x^2 + 13x + 36$ b) $x^2 + 10x + 25$ c) $y^2 - 3y - 70$ d) $y^2 - 16y + 64$ e) $a^2 + 5a - 14$ f) $a^2 + 14a + 49$
g) $x^2 - 12x + 36$ h) $n^2 + 18n + 81$

12 a) $x^2 + 8x + 15$ b) $x^2 + 8ax + 15a^2$ c) $x^2 - 4x - 12$
d) $x^2 - 4ax - 12a^2$ e) $y^2 + 5ay + 6a^2$ f) $y^2 - 8ay + 15a^2$ g) $y^2 + 2ny - 35n^2$ h) $x^2 + 8xy + 15y^2$ i) $x^2 - 8xy + 12y^2$
j) $x^2 - 3xy - 18y^2$ k) $x^2 - xy - 12y^2$ l) $x^2 + xy - 30y^2$

16 Usar produtos notáveis, quando for o caso, determinar os produtos, e em seguida simplificar as expressões, reduzindo os termos semelhantes.

a) $2(x-3)^2 - 3(x+4)(x-4) - 4(x+2)^2 - (x+4)(x+2) - 3(x-5)(x-2) + 10x^2$

b) $2(2x+3)(2x-3) - (2x+4)^2 - (x+5)(x-4) - (3x-1)^2 + (x+3)(x-4) + 6x^2$

c) $3(2x^2 - 3x - 1)(3x - 4) + 2x(2x-5)^2 + x(4+5x)(4-5x) - x(x-4)(x+2) + 90x^2$

d) $3x(x-y)^2 - (x-y)(x^2 - xy + y^2) - 2x(x+3y)^2 - 3y(2x-3y)^2 + 28x^2y$

e) $(2x-3y)(5x-4y) - 2(3x-y)(3x+y) - 3(2x-y)^2 - 3(x+5y)(x-2y)$

Produtos Notáveis

5º caso: **Quadrado de um trinômio**

$(a + b + c)^2 = (a + b + c)(a + b + c) = a^2 + ab + ac + ba + b^2 + bc + ca + cb + c^2$

Então: $(a + b + c)^2 = a^2 + b^2 + c^2 + 2ab + 2ac + 2bc$

"O quadrado da soma de três termos é igual à soma dos quadrados destes termos, mais a soma dos dobros dos produtos deles, tomados dois a dois".

Exemplos:

1) $(x + y - z)^2 = x^2 + y^2 + z^2 + 2xy - 2xz - 2yz$

2) $(x^3 - 3y - 7)^2 = x^6 + 9y^2 + 49 - 6x^3y - 14x^3 + 42y$

3) $(3x^2 - 5x - 4)^2 = 9x^4 + 25x^2 + 16 - 30x^3 - 24x^2 + 40x = 9x^4 - 30x^3 + x^2 + 40x + 16$

17 Determinar os produtos de:

a) $(a + m + x)^2 =$

b) $(a - b + c)^2 =$

c) $(a - b - c)^2 =$

d) $(3x + 2y + 5)^2 =$

e) $(5x - 2y - 3a)^2 =$

f) $(- 3x + 4y - 5)^2 =$

g) $(- 5x - 3y - 7a)^2 =$

h) $(2x^2 - 3x - 5)^2 =$

i) $(- 4x^2 + 5x - 3)^2 =$

j) $(- 3x^2 - 4x + 6)^2 =$

Resp: **13** a) $x^2 - y^2$ b) $x^2 + 2xy + y^2$ c) $x^2 - 2xy + y^2$ d) $x^2 + 11x + 28$ e) $9x^2 - y^2$ f) $9x^2 + 6xy + y^2$
g) $9x^2 - 6xy + y^2$ h) $x^2 - 13x + 40$ i) $9x^2 + 48xy + 64y^2$ j) $49x^2 - 14xy + y^2$ k) $x^2 + 6x - 16$
l) $64x^2 - 49$ m) $4 - 36xy + 81x^2y^2$ n) $x^2 - 4x - 45$ o) $1 - 9x^2y^2$ p) $81x^2 + 90x + 25$ q) $25x^2 - 30xy + 9y^2$
r) $36x^2 + 36xy + 9y^2$ s) $x^2 + 14x + 48$ t) $x^2 + 14ax + 48a^2$ **14** a) $49x^2 + 42xy + 9y^2$ b) $81x^2 - 54xy + 9y^2$
c) $25x^2 - 49y^2$ d) $x^2 + 12x + 32$ e) $x^2 - 10xy + 25y^2$ f) $64x^2 - 9$ g) $81x^2 - 25$
h) $x^2 + 4x - 21$ i) $25x^2 + 30xy + 9y^2$ j) $16x^2 - 56xy + 49y^2$ k) $x^2 - 4ax - 32a^2$ l) $x^2 - 4xy - 45y^2$
15 a) $6x^2 - 4x + 35$ b) $x^2 - 9x$ c) $11x^2 + 50x + 100$ d) $3x + 4$ e) $5x^2 + 10x + 5$ f) $x + 130$
g) $-3x^2 - 10x$ h) $x^2 + 11x - 13$ i) $14x^2 + 20x - 75$ j) $-10x^2 + 10x$

18 Usando os produtos notáveis, simplicar as seguintes expressões:

a) $2(2x - 3y)^2 - 3(x - 2y + 3)^2 - 6y(y - 2x)$

b) $(2x^2 - 3x - 2)^2 - 4(x^2 + 4x - 1)^2$

c) $2(-3x - 2y + 3)^2 - 3(2x - 3y)(2x + 3y) - 6(-x - 2y)^2$

d) $12(x + y) - 3(-x - y - 2)^2 - (x - 2y)(x - 4y) + 11y^2$

e) $(-a - b - c)^2 - (-a - b)^2 - (-a - c)^2 + (b - c)^2$

19 Fazendo os cálculos mentalmente, determinar o cubo dos monômios dados e escrever o resultado, nos casos:

a) $2 \to$	$x \to$	$xy \to$
b) $x^2 \to$	$y^4 \to$	$x^5 \to$
c) $2x^2y^3 \to$	$3x^2y^5 \to$	$5x^5y^4 \to$
d) $-4x^4y \to$	$-6x^6a^2 \to$	$-7x^5y^7 \to$
e) $-\dfrac{2}{3}x^2y^3 \to$	$\dfrac{4}{3}x^4y^2 \to$	$-\dfrac{5}{6}x^6y^5 \to$

Produtos Notáveis

6º caso: Binômio por trinômio que dá a soma de dois cubos

$(a + b)(a^2 - ab + b^2) = a^3 - a^2b + ab^2 + a^2b - ab^2 + b^3 = a^3 + b^3$

Então: $(a + b)(a^2 - ab + b^2) = a^3 + b^3$

"O produto da soma de dois termos pelo trinômio formado pela soma dos quadrados deles menos o produto deles é igual à soma dos cubos destes termos".

Exemplos:

1) $(x + y)(x^2 - xy + y^2) = x^3 + y^3$
2) $(3x + 2y)(9x^2 - 6xy + 4y^2) = 27x^3 + 8y^3$
3) $(25x^2 - 20xy + 16y^2)(5x + 4y) = 125x^3 + 64y^3$
4) $(x^2 + y^4)(x^4 - x^2y^4 + y^8) = x^6 + y^{12}$

20 Determinar os produtos de:

a) $(m + n)(m^2 - mn + n^2) =$

b) $(a^2 - ab + b^2)(a + b) =$

c) $(x^3 + y)(x^6 - x^3y + y^2) =$

d) $(m^4 + n^3)(m^8 - m^4n^3 + n^6) =$

e) $(a^2 + b^3)(a^4 - a^2b^3 + b^6) =$

f) $(x^3 + 4)(x^6 - 4x^3 + 16) =$

g) $(x^2 - 3x + 9)(x + 3) =$

h) $(16x^4 - 12x^2y^5 + 9y^{10})(4x^2 + 3y^5) =$

Resp: **16** a) $x^2 - 13x + 12$ b) $x^2 - 12x - 27$ c) $x^2 + 101x + 12$ d) $19xy^2 - 26y^3$ e) $-23x^2 - 20xy + 41y^2$

17 a) $a^2 + m^2 + x^2 + 2am + 2ax + 2mx$ b) $a^2 + b^2 + c^2 - 2ab + 2ac - 2bc$ c) $a^2 + b^2 + c^2 - 2ab - 2ac + 2bc$
d) $9x^2 + 4y^2 + 25 + 12xy + 30x + 20y$ e) $25x^2 + 4y^2 + 9a^2 - 20xy - 30ax + 12ay$ f) $9x^2 + 16y^2 - 24xy + 30x - 40y + 25$
g) $25x^2 + 9y^2 + 49a^2 + 30xy + 70ax + 42ay$ h) $4x^4 - 12x^3 - 11x^2 + 30x + 25$ i) $16x^4 - 40x^3 + 49x^2 - 30x + 9$
j) $9x^4 + 24x^3 - 20x^2 - 48x + 36$

Produtos Notáveis

7º caso: **Binômio por trinômio que dá a diferença de dois cubos**

$(a - b)(a^2 + ab + b^2) = a^3 + a^2b + ab^2 - a^2b - ab^2 - b^3 = a^3 - b^3$

Então: $(a - b)(a^2 + ab + b^2) = a^3 - b^3$

"O produto da diferença de dois termos pelo trinômio formado pela soma dos quadrados deles somado com o produto deles é igual ao cubo do primeiro menos o cubo do segundo".

Exemplos:

1) $(x - y)(x^2 + xy + y^2) = x^3 - y^3$

2) $(3x - 2y)(9x^2 + 6xy + 9y^2) = 27x^3 - 8y^3$

3) $(x^5 - y^7)(x^{10} + x^5y^7 + y^{14}) = x^{15} - y^{21}$

4) $\left(\frac{1}{3}x^5 - 5\right)\left(\frac{1}{25}x^{10} + x^5 + 25\right) = \frac{1}{125}x^{15} - 125$

21 Determinar os produtos de:

a) $(m - n)(m^2 + mn + n^2) =$

b) $(c^2 + cd + d^2)(c - d) =$

c) $(r - s)(r^2 + rs + s^2) =$

d) $(x - y)(y^2 + xy + x^2) =$

e) $(x^5 - 5)(x^{10} + 5x^5 + 25) =$

f) $(4x^4 - 1)(16x^8 + 4x^4 + 1) =$

g) $(2x^7 - 3)(4x^{14} + 6x^7 + 9) =$

h) $(5x^5 - 4)(25x^{10} + 20x^5 + 16) =$

i) $(6a - 5)(25 + 30a + 36a^2) =$

j) $(8x - 7)(49 + 56x + 64x^2) =$

22 Note que $(x \pm b)(a^2 \mp ab + b^2)$. Determinar os produtos seguintes:

a) $(x + a)(x^2 - ax + a^2) =$

b) $(x - n)(x^2 + nx + n^2) =$

c) $(2x + 3)(4x^2 - 6x + 9) =$

d) $(3x^2 - 5)(9x^4 + 15x^2 + 25) =$

e) $(5 - 4y^4)(25 + 20y^4 + y^8) =$

f) $(7x + 6)(49X^2 - 42x + 36) =$

g) $(4y - 6)(16y^2 + 24y + 36) =$

h) $(5 + 6x^6)(25 - 30x^6 + 36x^{12}) =$

i) $\left(\frac{2}{3}x + \frac{3}{2}y\right)\left(\frac{4}{9}x^2 - xy + \frac{9}{4}y^2\right) =$

j) $\left(\frac{5}{4} - \frac{6}{7}a\right)\left(\frac{25}{16} + \frac{15}{14}a + \frac{36}{49}a^2\right) =$

23 Determinar os seguintes produtos: (Miscelânea)

a) $(5x - 8)(5x + 8) =$

b) $(3x - 7)^2 =$

c) $(8x + 3)^2 =$

d) $(x + 9)(x - 2) =$

e) $(4x - 3)(16x^2 + 12x + 9) =$

f) $(x - 8)(x - 7) =$

g) $(7 - 9x)(9x + 7) =$

h) $(5x + 6y)(25x^2 - 30xy + 36y^2) =$

i) $(3x - 5y + 4)^2 =$

j) $(- 2x^2 - 3x + 7)^2 =$

24 Simplificar as seguintes expressões:

a) $(2x - 3)(4x^2 + 6x + 9) - 2(9x^2 - 12x + 16)(3x + 4) - 3(1 - 2x)(4x^2 + 2x + 1) - 30(-x^3 - 5)$

b) $2(3x - 2)^2 - 3x(4x + 3)(4x - 3) - 2(3x - 4)(9x^2 + 12x + 16) + 3(x - 7)(x + 5) - (-102x^3)$

c) $3(3x - 2)(3x + 2) - 2(4x + 2)(16x^2 - 8x + 4) + 3x(x - 4)^2 - 2x(x + 3)(x - 2) + 125x^3 + 28$

Resp: **18** a) $5x^2 - 18x + 36y - 27$ b) $-44x^3 - 55x^2 + 44x$ c) $11y^2 - 36x - 24y + 18$ d) $-4x^2 - 11y^2 - 12$ e) $-a^2 + b^2 + c^2$

19 a) $8; x^3; x^3y^3$ b) $x^6; y^{12}; x^{15}$ c) $8x^6y^9; 27x^6y^{15}; 125x^{15}y^{12}$ d) $-64x^{12}y^3; -216x^{18}a^6; -343x^{15}y^{21}$

e) $-\frac{8}{27}x^6y^9; \frac{64}{27}x^{12}y^6; -\frac{125}{216}x^{18}y^{15}$ **20** a) $m^3 + n^3$ b) $a^3 + b^3$ c) $x^9 + y^3$ d) $m^{12} + n^9$

e) $a^6 + b^9$ f) $x^9 + 64$ g) $x^3 + 27$ h) $64x^6 + 27y^{15}$

15

25 Dados dois monômios, determinar o triplo do produto do quadrado do primeiro pelo segundo, nos casos: (Olhar exemplo (a))

a) $4x$; $3y \to 3(16x^2)(3y) = 144x^2y$	b) $2x$; $3 \to$
c) $5x$; $2y \to$	d) $6x$, $3y \to$

26 Dados dois monômios, determinar o produto de 3 vezes o quadrado do primeiro pelo segundo e também o produto de 3 vezes o primeiro pelo quadrado do segundo, nos casos: (Olhar o exemplo (a))

a) $2x$; $3y$ $3(4x^2)(3y) = 36x^2y$ $3(2x)(9y^2) = 54xy^2$	b) $3a$; $2x$
c) $3x^2$; $4x$	b) $3x$; 5
e) $6x$; 4	f) $5x$; 6

Produtos Notáveis

8º caso: **Cubo da soma**

$(x+y)^3 = (x+y)^2(x+y) = (x^2 + 2xy + y^2)(x+y) = x^3 + x^2y + 2x^2y + 2xy^2 + xy^2 + y^3 = x^3 + 3x^2y + 3xy^2 + y^3$

Então: $(x+y)^3 = x^3 + 3x^2y + 3xy^2 + y^3$

" O cubo da soma de dois termos é igual ao cubo do primeiro, mais três vezes o produto do quadrado do primeiro pelo segundo, mais três vezes o produto do primeiro pelo quadrado do segundo, mais o cubo do segundo ".

Exemplos:

1) $(3x + y)^3 = 27x^3 + 3(9x^2)y + 3(3x)(y^2) + y^3 = 27x^3 + 27x^2 + 9xy^2 + y^3$

2) $(2x + 4)^3 = 8x^3 + 3(4x^2)(4) + 3(2x)(16) + 64 = 8x^3 + 48x^2y + 96xy^2 + 64$

27 Determinar os produtos de:

a) $(x + n)^3 =$

b) $(a + y)^3 =$

c) $(x + 3)^3 =$

d) $(x + 4)^3 =$

e) $(2a + 5)^3 =$

f) $(5x + 4y)^3 =$

Produtos Notáveis

9º caso: **Cubo da diferença**

$(a - b)^3 = (a-b)^2(a-b) = (a^2 - 2ab + b^2)(a-b) = a^3 - a^2b - 2a^2b + 2ab^2 + b^2a - b^3 = a^3 - 3a^2b + 3ab^2 - b^3$

Então: $(a - b)^3 = a^3 - 3a^2b + 3ab^2 - b^3$

"O cubo da diferença de dois termos é igual ao cubo do primeiro, menos três vezes o produto do quadrado do primeiro pelo segundo, mais três vezes o produto do primeiro pelo quadrado do segundo, menos o cubo do segundo".

Exemplos:

1) $(2x - 3y)^3 = 8x^3 - 3(4x^2)(3y) + 3(2x)(9y^2) - 27y^3 = 8x^3 - 36x^2y + 54xy^2 - 27y^3$

2) $(4x - 3)^3 = 64x^3 - 3(16x^2)(3) + 3(4x)(9) - 27 = 64x^3 - 144x^2y + 108xy^2 - 27$

28 Determinar os produtos de

a) $(x - y)^3 =$

b) $(a - n)^3 =$

c) $(2x - 4y)^3 =$

d) $(3x - 4)^3 =$

e) $(5x - 2)^3 =$

Resp: **21** a) $m^3 - n^3$ b) $c^3 - d^3$ c) $r^3 - s^3$ d) $x^3 - y^3$ e) $x^{15} - 125$ f) $64x^{12} - 1$ g) $8x^{21} - 27$ h) $125x^{15} - 64$ i) $216a^3 - 125$ j) $512x^3 - 343$ **22** a) $x^3 + a^3$ b) $x^3 - n^3$ c) $8x^3 + 27$ d) $27x^6 - 125$ e) $125 - 64y^{12}$ f) $343x^3 + 216$ g) $64y^3 - 216$ h) $216x^{18} + 125$ i) $\frac{8x^3}{27} + \frac{27y^3}{8}$ j) $\frac{125}{64} - \frac{216a^2}{343}$ **23** a) $25x^2 - 64$ b) $9x^2 - 42x + 49$ c) $64x^2 + 48x + 9$ d) $x^2 + 7x - 18$ e) $64x^3 - 27$ f) $x^2 - 15x + 56$ g) $49 - 81x^2$ h) $125x^3 + 216y^3$ i) $9x^2 + 25y^2 + 16 - 30xy + 24x - 40y$ j) $4x^4 + 12x^3 - 19x^2 - 42x + 49$ **24** a) $8x^3 - 5$ b) $21x^2 - 3x + 31$ c) $-2x^3 + x^2 + 60x$

29 Note que $(a \pm b)^3 = a^3 \pm 3a^2b + 3ab^2 \pm b^3$. Determinar os seguintes produtos

a) $(x + n)^3 =$

b) $(a - n)^3 =$

c) $(6x + 1)^3 =$

d) $(x - 3)^3 =$

e) $(4x - 1)^3 =$

f) $(3x + 10)^3 =$

30 Simplificar as seguintes expressões:

a) $2(2x - 3)^2 - 3(3x + 4)(3x - 4) - 2(2x - 5)(4x^2 + 10x + 25) - (3x - 2)^3$

b) $2(3x - y)^3 - 3(2x + 3y)(4x^2 - 6xy + 9y^2) - 2(x + 4y)^3$

c) $2(3x - 2)(9x^2 + 6x + 4) - 3(2x + 1)^3 - 2(3x - 4)^3$

31 Sendo as variáveis, em cada caso, números reais, resolver:

a) Se $a + b = 4$ e $ab = -21$, sem determinar a e b, determinar $a^2 + b^2$.

b) Se x e y são números positivos e $x^2 + y^2 = 113$ e $xy = 56$, determinar $x + y$, sem determinar x e y.

c) Se m e n são números tais que m é maior que n, $m^2 + n^2 = 97$ e $mn = 36$, determinar $m - n$, sem determinar m e n.

d) Se $xy = -105$ e $x^2 + y^2 = 274$, determine $x + y$, sem determinar x e y.

Resp: **25** a)$(16x^2)(3y) = 144x^2y$ b) $3(4x^2)(3) = 36x^2$ c) $3(25x^2)(2y) = 150x^2y$ d) $3(36x^2)(3y) = 324x^2y$ **26** a)$36x^2y$; $54xy^2$
b) $54a^2x$; $36ax^2$ c) $108x^5$; $144x^4$ d) $135x^2$; $225x$ e) $432x^2$; $288x$ f) $450x^2$; $540x$
27 a) $x^3 + 3x^2n + 3xn^2 + n^3$ b) $a^3 + 3a^2y + 3ay^2 + y^3$ c) $x^3 + 9x^2 + 27x + 27$ d) $x^3 + 12x + 48x + 64$ e) $8a^3 + 60a^2 + 150a + 125$
f) $125x^3 + 300x^2y + 240xy^2 + 64y^3$ **28** a) $x^3 - 3x^2y + 3xy^2 - y^3$ b) $a^3 - 3a^2n + 3an^2 - n^3$ c) $8x^3 - 48x^2y + 96xy^2 - 64y^3$
d) $27x^3 - 108x^2 + 144x - 64$ e) $125x^3 - 150x^2 + 60x - 8$

32 Sendo as variáveis, em cada caso, números reais, resolver:

a) Se a + b = 6 e ab = – 41, determinar $5(a^2 + b^2)$.

b) Se a + b = 12 e $a^2 + b^2$ = 78, determinar $\frac{1}{3}(ab)$.

c) Se $(a + b)^2$ = 180 e a – b = 14, sem determinar a e b, determinar $7a^2 + 7b^2 - 11ab$

d) Se a + b = 15 e $a^2 - ab + b^2$ = 273, determinar $a^3 + b^3$.

e) Se $a^3 + b^3$ = 37 e $a^2 - ab + b^2$ = 37, determinar a + b.

33 Sendo as variáveis, em cada caso, números reais, resolver:

a) Se $a^3 + b^3 = 341$ e $a + b = 11$, determinar $a^2 - ab + b^2$.

b) Se $a - b = 12$ e $a^2 + ab + b^2 = 39$, determinar $a^3 - b^3$.

c) Se $a^3 - b^3 = 91$ e $a^2 + ab + b^2 = 13$, determinar $a^2 - 2ab + b^2$.

d) Se $a - b = 9$ e $a^3 - b^3 = 243$, determinar $7a^2 + 7ab + 7b^2$.

e) Se $a - b = 60$ e $a + b = 38$, determinar $a^2 - b^2$.

f) Se $a + b = 2$ e $a^2 - b^2 = 32$, determinar $a^2 - 2ab + b^2$.

Resp: **29** a) $x^3 + 3x^2n + 3xn^2 + n^3$ b) $a^3 - 3a^2n + 3an^2 - n^3$ c) $216x^3 + 108x^2 + 18x + 1$ d) $x^3 - 9x^2 + 27x - 27$

e) $64x^3 - 48x^2 + 12x - 1$ f) $27x^3 + 270x^2 + 900x + 1000$ **30** a) $-43x^3 + 35x^2 - 60x + 324$

b) $28x^3 - 78x^2y - 78xy^2 - 211y^3$ c) $-24x^3 + 180x^2 - 306x + 109$ **31** a) $a^2 + b^2 = 58$ b) $x + y = 15$

c) $m - n = 5$ d) $x + y = 8$ ou $x + y = -8$

34 Determinar o que se pede:

a) Se $a - b = 24$ e $a^2 - b^2 = 72$, determinar $a^3 + 3a^2b + 3ab^2 + b^3$

b) Se $a + b = 2$ e $a^2b + ab^2 = -126$ determinar $a^3 + b^3$

c) Se $a + b = 4$ e $a^3 + b^3 = 448$, determinar $ab(a + b)$

d) Se $a + b = 2$ e $a^3 + b^3 = 488$, determinar ab.

e) Se $a^3 + b^3 = 91$ e $a^2b + ab^2 = 84$, determinar $a + b$

35 Resolver:

a) Se $(a+b)^3 = 1728$ e $(a-b)^3 = 125$, determinar $8a^3 + 24ab^2$

b) Se $a^2 + b^2 + c^2 = 105$ e $ab + ac + bc = 92$, determinar $3a + 3a + 3c$

c) $a + b + c = 14$ e $a^2 + b^2 + c^2 = 154$ determinar $3ab + 3ac + 3bc$

d) Se $a + b + c = 13$ e $ab + ac + bc = 26$, determinar $5a^2 + 5b^2 + 5c^2$

Resp: **32** a) $5(a^2 + b^2) = 590$ b) $\frac{1}{3}ab = 11$ c) $7a^2 + 7b^2 - 11ab = 1360$ d) $a^3 + b^3 = 4095$ e) $a + b = 1$ **33** a) $a^2 - ab + b^2 = 31$
b) $a^3 - b^3 = 468$ c) $a^2 - 2ab + b^2 = 49$ d) $7a^2 + 7ab + 7b^2 = 189$ e) $a^2 - b^2 = 2280$ f) $a^2 - 2ab + b^2 = 256$

36 Em cada caso as variáveis representam medidas em cm, pertencentes a intervalos para que as figuras dadas existam. Determinar a expressão algébrica que indica o perímetro de cada figura. Perímetro é a soma das medidas dos lados.

Indicar o perímento por P (pê maiúsculo)

Obs. As constantes indicadas nas figuras também são em cm.

a) Determinar também o perímetro para x = 3 cm e y = 2 cm

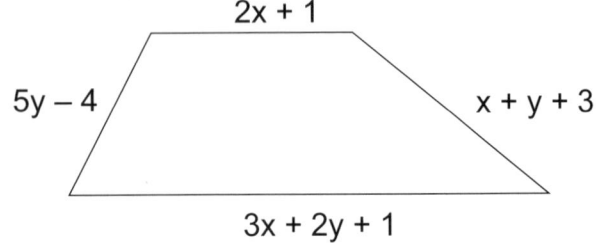

b) O hexágono da figura tem lados opostos paralelos e de medidas iguais. Determinar, também, o seu perímetro para x = 4 cm e y = 3 cm

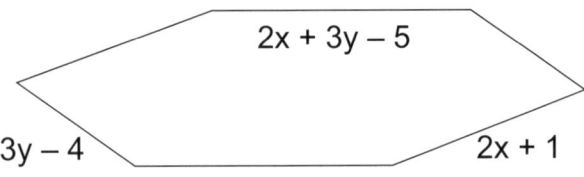

c) Determinar também o seu perímetro para x = 7 cm e y = 5 cm.

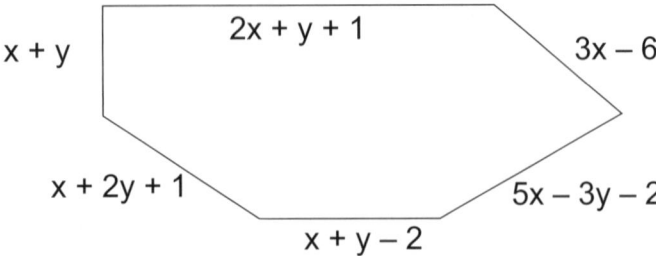

37 Mostre que o perímetro P da figura abaixo é independente de x e determine P para y = 12 cm.
Obs: medidas em cm.

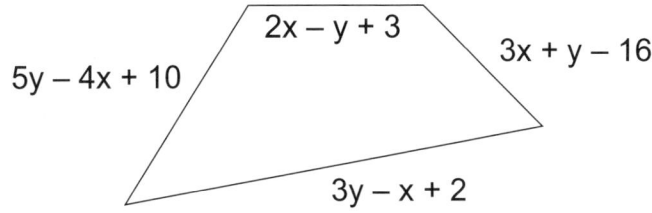

38 Na figura temos um quadrado dentro de um retângulo. Determinar:

a) A área do retângulo maior em função de x. Obs: medidas em cm.

b) A área da região do retângulo externa ao quadrado, para x = 8.

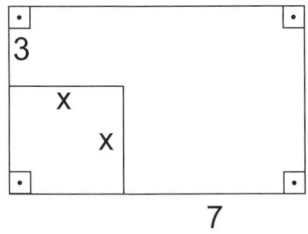

39 Na figura A, B, C, e D são pontos colineares (estão em uma reta).

a) Determinar BC em função de x e y. Obs: medidas em cm.

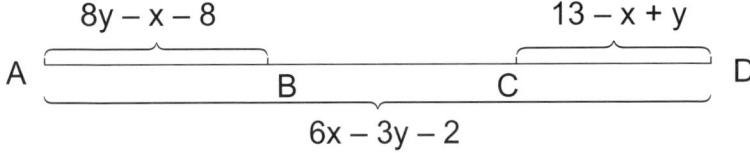

b) Determinar BC para x = 9 cm e y = 4 cm.

c) Determinar AC para x = 9 cm e y = 4 cm.

d) Determinar AD para x = 9 cm e y = 4 cm.

Resp: **34** a) 27   b) 386   c) 128   d) –80   e) 7   **35** a) 7412   b) 51 ou –51   c) 63   d) 585

Exercícios de Fixação:

40 Escrever o polinômio na forma reduzida (reduzir os termos semelhantes) e determinar o seu grau, nos casos:

a) $3x - 4y - 5x + 3y + 3x + 2y =$

b) $-8mn - 2m + 3n + mn + 7mn + 8m =$

c) $-5x^2 - 4x - 2 + 7x^2 - 4x + 9 + x^2 - 1 =$

d) $2xy - 3x - y + xy - x - 7y + 8x - y =$

e) $5x^5 - 3x - 7x^2 - 3x^3 - x + 7 - x^4 - 2x^4 - x^5 - 4x^5 + 2x^4 - 3x^2 + 3x^4 + x^3 - 9 =$

41 Simplificar as seguintes expressões racionais inteiras e dizer o seu grau e o grau em relação à cada variável

a) $2x(x^2 - 2xy + y^2) - 3y(-5x^2y - 4x^2 - 3xy + 2y^2) + 6y(x^2 - xy + y^2) + 6y^2 =$

b) $2xy^2(x^2 - 2xy + y^2) - 3y(x^2 - 3xy + 2y^2) - 2xy(-2xy^2 - 3x^2y) - y^2(5x - 6y) =$

42 Determinar os produtos de:

a) $(3x - 5y)(2x + 3y) =$

b) $(-3x^2 - 2x)(4x - 6) =$

c) $(2x + 3y)(2x^2 - 3xy - 4y^2) =$

43 Determinar os produtos das seguintes multiplicações:

a) $(4x - 2)(5x - 3) =$

b) $(3x^2 - 2x)(3x + 2) =$

c) $(2x^2 - x)(4x^2 + 2x + 1)$

d) $(3x - 2)(9x^2 - 12x + 4) =$

e) $(2x^2 - 3x - 4)(2x - 1)(4x - 5) =$

f) $(2x - 3y)(3x - y)(4x + 6y) =$

g) $3x^4 - 2x^3 - 4x^2 - 3x + 5$
$ 2x^2 - 3x - 2$

Resp: **36** a) 35 cm   b) 52 cm   c) 93 cm   **37** P = 8y – 1; 95 cm   **38** a) $x^2 + 10x + 21$ b) 101 cm²
39 a) 8x – 12y – 7   b) 17 cm   c) 32 cm   d) 40 cm

44 Simplificar as seguintes expressões:

a) $-2(4x-3)(2x-5) - 3(2x^2 - x + 3)(-2x + 4) + 2x(23x - 41) =$

b) $-3(2x-1)(x-4) - (3x-2)(2x-3)(x-1) - 2(-3x-2)(x^2+1) =$

c) $-3\{-2x^2 - (2x-1)[3x^2 + 3x - (3x+2)(x-1)] - x\}(3x-5) =$

45 Determinar o polinômio P(x) na forma reduzida e em seguida determinar o que se pede:

P(x) = – 2 (3x – 1) (2x + 1) – 3 (2x² – 4x – 3) (3x – 1) – x² (29 – 20x) – 9 (2x – 1)

a) P(3) =	b) P(2) =
c) P(0) =	d) P(1) =
e) P(– 3) =	f) P(– 2) =
g) $P\left(\dfrac{1}{2}\right)=$	h) $P\left(\dfrac{-2}{3}\right)=$

Resp: **40** a) x + y; 1º grau b) 5m + 3n; 1º grau c) 3x² – 8x + 6; 2º grau d) 3xy + 4x – 9y; 2º grau e) 2x⁴ – 2x³ – 10x² – 4x – 2; 4º grau

41 a) 15x²y² + 2x³ + 14x²y + 5xy² + 6y²; 4º grau; 3º grau em relação a x; 2º grau em relação a y

b) 8x³y² + 2xy³ – 3x²y + 4xy²; 5º grau; 3º grau em relação a x; 3º grau em relação a y

42 a) 6x² – xy – 15y² b) – 12x³ – 10x² + 12x c) 4x³ – 17xy² – 12y³ **43** a) 20x² – 22x + 6 b) 9x³ – 4x c) 8x⁴ – x

d) 27x³ – 54x² + 36x – 8 e) 16x⁴ – 52x³ + 20x² + 41x – 20 f) 24x³ – 8x²y – 54xy² + 18y³ g) 6x⁶ – 13x⁵ – 8x⁴ + 10x³ + 27x² – 9x – 10

46 Determinar os produtos das seguintes multiplicações:

a) $12x^2y\left(\dfrac{5}{6}xy - \dfrac{3}{4}y - \dfrac{7}{12}\right) =$

b) $-\dfrac{4}{3}xy(-3x^2 + 6xy - 9y^2) =$

c) $\dfrac{8}{15}x\left(\dfrac{3}{2}x^2 - \dfrac{5}{4}x - \dfrac{25}{8}\right) =$

d) $-\dfrac{3}{5}y\left(-\dfrac{5}{6}y^2 - \dfrac{10}{9}y + \dfrac{25}{3}\right) =$

47 Determinar os quocientes das seguintes divisões:

a) $(-54x^6y^7) : (-9x^4y^4) =$

b) $(56ax^6) : (-8ax) =$

c) $\dfrac{-36abx^3y^4}{-3bxy} =$

d) $\dfrac{63abx^5y}{-7abx} =$

e) $(-18x^3y^2 + 24x^2y) : (-6xy) =$

f) $(-56x^3 + 72x^2 - 48x) : (-8x) =$

g) $(4x^2 - 6x + 8) : 2 =$

h) $(3x^3 - 7x^2 - x) : x =$

i) $\left(\dfrac{4}{9}x^4 - \dfrac{2}{3}x^3 - \dfrac{8}{15}x^2\right) : \left(\dfrac{8}{27}x\right) =$

j) $\left(\dfrac{2}{3}x^3y^2 - \dfrac{3}{4}x^2y^3 - \dfrac{2}{9}xy^4\right) : \left(-\dfrac{4}{9}xy^2\right) =$

48 Determinar o quociente da divisão, nos casos:

a) $\dfrac{54x^8y^3}{9x^5y^2} =$

b) $\dfrac{54a^2b}{18ab} =$

c) $\dfrac{36x^4 - 60x^3 - 72x^2 - 84x}{12x} =$

d) $\dfrac{77a^4b^2 - 56a^3b^3 - 35a^2b^4}{7a^2b^2} =$

49 Determinar o quociente da divisão, nos casos:

a) $(14x^3) : (-7x) + (16x^3 - 40x^2) : (8x^2) - (-18x^4 - 60x^3 - 24x^2) : (-6x^2) - 20x : (5x) + 8x$

b) $(51x^4 - 34x^3) : (-17x^2) - (72x^3 - 108x^2) : (-36x) - (52x^3 - 65x^2 - 26x) : (-13x) + 6x + 2$

c) $4x^2 - 7x - 56x^4 : (-7x^3) - (28x^4 - 35x^3 - 63x^2) : (7x^2) - (2x^2 - 3x) : x - (3x^4 - 5x^3) : x^3$

d) $\dfrac{4x^3 - 5x^2 - 2x}{x} - \dfrac{6x^4 - 12x^3 - 21x^2}{3x^2} - \dfrac{18x^5}{9x^3} - \dfrac{42x^2 - 35x}{7x} + \dfrac{96x^2 - 60x}{12x}$

50 Simplificar a expressão

$[-2(4x-1)(3x^2 - 2x + 4) - 8x(2x-4)(3x-1) + 8(x-1) + 10x^2] : (-12x)$

Resp: **44** a) $12x^3 - 66$ b) $17x^2 + 14x - 2$ c) $90x^3 - 141x^2 - 33 + 30$ **45** $P(x) = 2x^3 + x^2 - 5x + 2$ a) 50 b) 12 c) 2 d) 0
e) -28 f) 0 g) 0 h) $\dfrac{140}{27}$

Multiplicação de dois binômios semelhantes

O produto da multiplicação de dois binômios semelhantes tem os produtos dos pares de termos semelhantes e outros dois produtos que são semelhantes e podemos reduzir. Com prática esta redução é feita mentalmente e isto faz com que economizemos passagens nas simplificações de muitas expressões algébicas.

Observe o exemplo $(5x + 2)(3x + 4)$

1) Produto dos semelhantes:

$(5x + 2)(3x + 4) = 15x^2 \dots + 8$

Note que não podemos reduzir $15x^2 + 8$

2) Produtos semelhantes:

$(5x + 2)(3x + 4) = \dots + 6x + 20x + \dots$

Note que $6x$ e $20x$ são semelhantes e podemos reduzir $6x + 20x = 26x$.

Então: $(5x + 2)(3x + 4) = 15x^2 + 26x + 8$

---

51 Em cada caso temos a multiplicação de dois binômios semelhantes. Escrever apenas os **produtos de semelhantes,** como no exemplo.

a) $(3x + 4)(7x + 3) =$

b) $(5x + 6)(2x - 3) =$

c) $(3x - 5)(2x - 7) =$

d) $(-3x + 1)(-2x - 7) =$

e) $(6x - 7y)(4x + 3y) =$

f) $(-8x - 2)(7x - 3) =$

g) $(-2x + 5)(-7x - 8) =$

h) $(2x - 3y)(5x - y) =$

---

52 Em cada caso temos a multiplicação de dois binômios semelhantes. Escrever apenas a **redução dos produtos semelhantes,** como no exemplo (a). Fazer mentalmente.

a) $(3x + 2)(2x + 3) = \dots 13x \dots$

b) $(5x + 3)(2x + 1) = \dots$

c) $(3x - 5)(2x - 6) = \dots$

d) $(-7x - 3)(-5x + 2) = \dots$

e) $(5x - 2y)(7x + 4y) = \dots$

f) $(-3x + 7)(-2x + 5) = \dots$

g) $(-6x - 1)(4x - 3) = \dots$

h) $(3x - 5y)(4x - 7y) = \dots$

53 Em cada caso temos a multiplicação de dois binômios semelhantes, fazendo a redução possível, mentalmente, escrever diretamente os resultados.

a) $(2x + 3)(4x + 1) =$

b) $(4x - 5)(2x - 3) =$

c) $(3y - 4)(5y + 8) =$

d) $(2a + 7)(a - 2) =$

e) $(5x - 2y)(2x + 3y) =$

f) $(3x + 5)(x - 7) =$

g) $(x + 6)(3x - 5) =$

h) $(3x - 5n)(-6x + n) =$

i) $(5x + 2a)(3x - a) =$

j) $(3n - 7)(-2n + 4) =$

k) $(6x^3 - 5)(3x^3 - 7) =$

l) $(-2y - 9)(-3y + 8) =$

m) $(-5x - 3y)(-5x + 3y) =$

n) $(-6x - 5)(-6x - 5) =$

o) $(x + 8)(x - 12) =$

p) $(3x^5 - a^4)(3x^5 + a^4) =$

q) $(5y + n)(-3y - 5n) =$

r) $(7x - 9)(2 + 4x) =$

54 Fazendo as multiplicações de binômios semelhantes mentalmente e escrevendo o resultado, simplificar as seguintes expressões:

a) $-2(2x + 1)(3x - 4) - 3(-2x + 3)(-3x - 1) + 3(-2x - 3)(-4x + 2) =$

b) $2(2x - 3y)(4x + 2y) - 3(-4x - 3y)(4x - 3y) + 2(5x - y)(x + y) - (x + y)(2x - y) =$

Resp: **46** a) $10x^3y^2 - 9x^2y^2 - 7x^2y$ b) $4x^3y - 8x^2y^2 + 12xy^3$ c) $\frac{4}{5}x^3 - \frac{2}{3}x^2 - \frac{5}{3}$ d) $\frac{1}{2}y^3 + \frac{2}{3}y^2 - 5$ **47** a) $6x^2y^3$ b) $-7x^5$
c) $12ax^2y^3$ d) $-9x^4y$ e) $3x^2y - 4x$ f) $7x^2 - 9x + 6$ g) $2x^2 - 3x + 4$ h) $3x^2 - 7x - 1$
i) $\frac{3}{2}x^3 - \frac{9}{4}x^2 - \frac{9}{5}x$ j) $-\frac{3}{2}x^2 + \frac{27}{16}xy + \frac{1}{2}y^2$ **48** a) $6x^3y$ b) $3a$ c) $3x^3 - 5x^2 - 6x - 7$ d) $11a^2 - 8ab - 5b^2$
49 a) $-5x^2 - 13$ b) $3x^2$ c) $x + 17$ d) $x + 5$ **50** $6x^2 - 12x + 5$

55 Efetuando as multiplicações mentalmente, simplificar as expressões, nos casos:

a) $-2x(3x-2)(-5x-1) - 4(x-3)(x+9) - 3(3x-2)(4+2x) - 3x(3x-5)(3x+5) =$

b) $-3(3x+2)(5-2x) - 2(5-3x)(7+4x) - 4(6-2x)(5x+4) =$

56 Dados os polinômios $A = 2x - 5$, $B = 5x - 2$, $C = x + 3$, $D = 2x - 3$, $E = 2x + 5$, determinar o polinômio P, nos casos:

a) $P = AB - 2AC + 3BC$

b) $P = 2A(AD - 3) - 2AD(A - 1) - 2A(E - 3) - 3BD$

Produtos Notáveis (Revisão)

$(a + b)(a - b) = a^2 - b^2$

$(a + b)^2 = a^2 + 2ab + b^2$

$(a - b)^2 = a^2 - 2ab + b^2$

$(x + a)(x + b) = x^2 + (a + b)x + ab$

Exemplos:

1) $(3x + 5y)(3x - 5y) = 9x^2 - 25y^2$; $(7 - 3y)(7 + 3y) = 49 - 9y^2$

2) $(3x + 5y)^2 = 9x^2 + 30xy + 25y^2$; $(2x + 7)^2 = 4x^2 + 28x + 49$

3) $(3x - 5y)^2 = 9x^2 - 30xy + 25y^2$; $(4x - 5)^2 = 16x^2 - 40x + 25$

4) $(x + 7)(x - 3) = x^2 + 4x - 21$; $(y - 8)(y + 9) = y^2 + y - 72$

Obs: Note que todos estes casos são multiplicações de binômios semelhantes

57 Determinar os produtos das seguintes multiplicações:

a) $(5x + 6)(5x - 6) =$

b) $(8y - 9)(8y + 9) =$

c) $(5x + 6y)^2 =$

d) $(6x - 5y)^2 =$

e) $(x + 9)(x - 2) =$

f) $(y - 11)(y + 3) =$

g) $(6x - 7y)^2 =$

h) $(3x + 11)(3x - 11) =$

i) $(x + 12)(x - 3) =$

j) $(x + 9)^2 =$

k) $(4x^3 + y)(4x^3 - y) =$

l) $(3x - 2y^3)^2 =$

m) $(4x^4 + 3)^2 =$

n) $(x^2 - 7)(x^2 - 4) =$

o) $(3xy + 7)(3xy - 7) =$

p) $(y^3 - 10)(y^3 + 1) =$

q) $(x^2 - 5)(x^2 + 4) =$

r) $(xy + 5)(xy - 3) =$

s) $(xy - 6)(xy + 10) =$

t) $(x^3 + 3xy)^2 =$

Resp: **51** a) $21x^2$; $+12$ b) $10x^2$; -18 c) $6x^2$; $+35$ d) $6x^2$; -7 e) $24x^2$; $-21y^2$ f) $-56x^2$; $+6$ g) $14x^2$; -40 h) $10x^2$; $+3y^2$

52 a) $13x$ b) $+11x$ c) $-28x^2$ d) x e) $6xy$ f) $-29x^2$ g) $14x$ h) $-41xy$

53 a) $8x^2 + 14x + 3$ b) $8x^2 - 22x + 15$ c) $15y^2 + 4y - 32$ d) $2a^2 + 3a - 14$ e) $25x^2 + 11xy - 6y^2$ f) $3x^2 - 16x - 35$

g) $3x^2 + 13x - 30$ h) $18x^2 - 33xn + 5n^2$ i) $15x^2 + ax - 2a^2$ j) $-6n^2 + 26n - 28$ k) $18x^6 - 57x^3 + 35$ l) $6y^2 + 11y - 72$

m) $25x^2 - 9y^2$ n) $36x^2 + 60x + 25$ o) $x^2 - 4x - 96$ p) $9x^{10} - a^8$ q) $-15y^2 - 28ny - 5n^2$ r) $28x^2 - 22x - 18$

54 a) $-6x^2 + 55x - 1$ b) $72x^2 - 9xy - 40y^2$

58 Determinar o produto, nos casos:

a) $\left(\dfrac{3x}{5} + \dfrac{2}{3}\right)\left(\dfrac{3x}{5} - \dfrac{2}{3}\right) =$

b) $\left(\dfrac{4}{7} - \dfrac{x}{6}\right)\left(\dfrac{4}{7} + \dfrac{x}{6}\right) =$

c) $\left(\dfrac{2}{3}x - \dfrac{1}{4}y\right)^2 =$

d) $\left(\dfrac{5}{3}x + \dfrac{3}{10}y\right)^2 =$

e) $\left(x - \dfrac{3}{4}\right)\left(x + \dfrac{5}{6}\right) =$

f) $\left(x - \dfrac{5}{6}\right)\left(x + \dfrac{3}{8}\right) =$

59 Determinar o produto, nos casos:

a) $\left(x^3 - \dfrac{1}{x^3}\right)^2 =$

b) $\left(x^4 - \dfrac{4}{x^4}\right)^2 =$

c) $\left(x + \dfrac{1}{x}\right)^2 =$

d) $\left(3x - \dfrac{1}{3x}\right)^2 =$

e) $\left(\dfrac{2}{3x} + \dfrac{3x}{2}\right)^2 =$

f) $\left(\dfrac{3}{2y} + \dfrac{2y}{3}\right)^2 =$

g) $\left(n^2 + \dfrac{1}{n^2}\right)^2 =$

h) $\left(\dfrac{n^3}{3} - \dfrac{3}{n^3}\right)^2 =$

60 Utilizando os quatro casos de produtos notáveis revisados e o caso do produto de dois binômios semelhantes que não é nenhum deles, simplificar as seguintes expressões:

a) $(2x - 1)^2 - (3x - 2)(3x + 2) + 2(3x - 5)(2x + 4) =$

b) $-2(2 - 3x)(2 + 3x) - 2(3x - 4)(2x + 1) - (4 + 3x)^2 =$

c) $-3(x + 7)(x - 3) - (3 - x)^2 - (-3x + 4)(2x - 5) =$

d) $-2(3x - 1)(4x + 3) - (2x + 1)^2 - 2(x + 4)(x - 3)$

Resp: **55** a) $3x^3 - 36x^2 + 23x + 132$ b) $82x^2 - 119x - 196$ **56** a) $P = 21x^2 + 8x + 22$ b) $P = -30x^2 + 25x + 62$
57 a) $25x^2 - 36$ b) $64y^2 - 81$ c) $25x^2 + 60xy + 36y^2$ d) $36x^2 - 60xy + 25y^2$ e) $x^2 + 7x - 18$ f) $y^2 - 8y - 33$
g) $36x^2 - 84xy + 49y^2$ h) $9x^2 - 121$ i) $x^2 + 9x - 36$ j) $x^2 + 18x + 81$ k) $16x^6 - y^2$ l) $9x^2 - 12xy^3 + 4y^3$ m) $16x^8 + 24x^4 + 9$
n) $x^4 - 11x^2 + 28$ o) $9x^2y^2 - 49$ p) $y^6 - 9y^3 - 10$ q) $x^4 - x^2 - 20$ r) $x^2y^2 + 2xy - 15$ s) $x^2y^2 + 4xy - 60$ t) $x^6 + 6x^4y + 9x^2y^2$

61 Simplificar as seguintes expressões:

a) $-(4x-1)(4x+1) - 2(-3x+7)(2x-3) - (1-5x)^2 - 7(6-5x^2) =$

b) $-(2x+y)^2 - (3x-4y)(2x+3y) + 3(4x-y)(x-y) =$

c) $-(a+3)(a-7) - 2(a-1)(a+6) + (a+3)(4a-1) - (a-1)^2 =$

d) $-2(2y-3)(3y+7) - (3y-1)(5y+3) + (y-1)(y+8) + 2(y-3)(y+3) =$

e) $-3x(2x-1)(2x+1) + 3x(5x-1)(6x+5) - 2x(x-7)(x-2) - (x-1)^2 =$

Produtos Notáveis (Revisão)

$(a + b + c)^2 = a^2 + b^2 + c^2 + 2ab + 2ac + 2bc$

$(a + b)(a^2 - ab + b^2) = a^3 + b^3$

$(a - b)(a^2 + ab + b^2) = a^3 - b^3$

Exemplos:

1) $(5x - 3y + 7)^2 = 25x^2 + 9y^2 + 49 - 30xy + 70x - 42y$

2) $(2x^2 - 3x - 5)^2 = 4x^4 + 9x^2 + 25 - 12x^3 - 20x^2 + 30x = 4x^4 - 12x^3 - 11x^2 + 30x + 25$

3) $(5x + 7)(25x^2 - 35x + 49) = 125x^2 + 343$

4) $(2x + 1)(4x^2 - 2x + 1) = 8x^3 + 1$; $(x + 3)(x^2 - 3x + 9) = x^3 + 27$

5) $(3x - 2)(9x^2 + 6x + 4) = 27x^3 - 8$; $(a - 4)(a^2 + 4x + 16) = a^3 - 64$

---

62 Determinar os produtos das seguintes multiplicações:

a) $(3x + 4y - 5)^2 =$

b) $(5x^2 - 6x - 3)^2 =$

c) $(3x + 1)(9x^2 - 3x + 1) =$	d) $(a - 2b)(a^2 + 2ab + 4b^2) =$
e) $(5x + 3)(25x^2 - 15x + 9) =$	f) $(4n - 3)(16n^2 + 12n + 9) =$

g) $(-3x^3 - 2x^2y + 4y^2)^2 =$

h) $(36x^4 - 30x^2 + 25)(6x^2 + 5) =$	i) $(9x^2 + 6xy + 4y^2)(3x - 2y) =$

63 Simplificar a seguinte expressão:

$(3x^2 - 5x - 4)^2 + 2(3x - 4)(9x^2 + 12x + 16) - 3(x + 3)(x^2 - 6x + 9) =$

Resp: **58** a) $\dfrac{9x^2}{25} - \dfrac{4}{9}$ b) $\dfrac{16}{49} - \dfrac{x^2}{36}$ c) $\dfrac{4}{9}x^2 - \dfrac{1}{3}xy + \dfrac{1}{16}y^2$ d) $\dfrac{25}{9}x^2 + xy + \dfrac{9}{100}y^2$ e) $x^2 + \dfrac{1}{12}x - \dfrac{5}{8}$

f) $x^2 - \dfrac{11}{24}x - \dfrac{5}{16}$ **59** a) $x^6 + 2 + \dfrac{1}{x^6}$ b) $x^8 - 8 + \dfrac{1}{x^8}$ c) $x^2 + 2 + \dfrac{1}{x^2}$ d) $9x^2 - 2 + \dfrac{1}{9x^2}$

e) $\dfrac{4}{9x^2} + 2 + \dfrac{9x^2}{4}$ f) $\dfrac{9}{4y^2} - 2 + \dfrac{4y^2}{9}$ g) $n^4 + 2 + \dfrac{1}{n^4}$ h) $\dfrac{n^6}{9} - 2 + \dfrac{9}{n^6}$ **60** a) $7x^2 - 39$

b) $-3x^2 - 14x - 16$ c) $2x^2 - 29x + 74$ d) $-30x^2 - 16x + 29$

64 Simplificar as seguintes expressões, usando os casos de produtos notáveis e também o produto de binômios semelhantes.

a) $2(2-x)(4+2x+x^2) - (3-x-x^2)^2 - 3(2x-4)(3x-5) =$

b) $-(2x-3y-1)^2 - 2(x+3y)(x^2-3xy+9y^2) - 3(3x-y)(2x+3y) =$

c) $-2(2a^2-4a-3)^2 + a(2a-4)(4a^2+8a+16) + 2(2a-3)(2a+5) =$

d) $(-2x^2-3x+5)^2 - 5(3-x)(9+3x+x^2) - 2x(x^2-4x+16)(x+4) + 110 =$

e) $-(3x-1)(1+3x+9x^2) - 2(3x^2-x-6)^2 - 3(2x^2-7)(-3x^2+4) =$

Produtos Notáveis (Revisão)

$(a+b)^3 = a^3 + 3a^2b + 3ab^2 + b^3$

$(a-b)^3 = a^3 - 3a^2b + 3ab^2 - b^3$

Exemplos:

1) $(3x+5)^3 = 27x^3 + 3(9x^2)5 + 3(3x)25 + 125 = 27x^3 + 135x^2 + 225x + 125$

2) $(5x-2y)^3 = 125x^3 - 3(25x^2)(2y) + 3(5x)(4y^2) - 8y^3 = 125x^3 - 150x^2y + 60xy^2 - 8y^3$

65 Determinar o produto, nos casos:

a) $(3x+2a)^3 =$

b) $(2x^2 - 3y^3)^3 =$

c) $(5x+4)^3 =$

d) $(6x-5)^3 =$

e) $\left(x + \dfrac{1}{x}\right)^3 =$

f) $\left(\dfrac{1}{x} - x\right)^3 =$

g) $\left(2x - \dfrac{2}{x}\right)^3 =$

h) $\left(5a + \dfrac{5}{a}\right)^3 =$

Resp: **61** a) $6x^2 - 36x$ b) $2x^2 - 20xy + 14y^2$ c) $7a + 29$ d) $-24y^2 - 7x + 19$ e) $76x^3 + 74x^2 - 38x - 1$

62 a) $9x^2 + 16y^2 + 25 + 24xy - 30x - 40y$ b) $25x^4 - 60x^3 + 6x^2 + 36x + 9$ c) $27x^3 + 1$ d) $a^3 - 8b^3$

e) $125x^3 + 27$ f) $64n^3 - 27$ g) $9x^6 + 4x^4y^2 + 16y^4 + 12x^5y + 24x^3y^2 - 16x^2y^3$ h) $216x^6 + 125$ i) $27x^3 - 8y^3$

63 $9x^4 + 21x^3 + x^2 + 40x - 193$

66 Simplificar as seguintes expressões:

a) $(2x - 1)^3 - 2(x + 2)^3 =$

b) $2(3x + 2)^3 - 3x(3x - 1)(6x + 5) - (9x + 4)(9x - 4) =$

c) $2x(3x - 5)(2x - 4) - 3(2x - 5)^3 + 12(x - 4)(x^2 + 4x + 16) =$

d) $9x(3x - 2)(3x + 5) - 3(3x - 4)^3 - 100x(4x - 5)$

e) $2(3x + 4y)^3 - 3(2x - y)^3 =$

Produtos Notáveis (Revisão)

$(a + b)(a - b) = a^2 - b^2$ $\qquad$ $(x + a)(x + b) = x^2 + (a + b)x + ab$

$(a + b)^2 = a^2 + 2ab + b^2$ $\qquad$ $(a - b)^2 = a^2 - 2ab + b^2$

$(a + b + c)^2 = a^2 + b^2 + c^2 + 2ab + 2ac + 2bc$

$(a + b)(a^2 - ab + b^2) = a^3 + b^3$ $\qquad$ $(a - b)(a^2 + ab + b^2) = a^3 - b^3$

$(a + b)^3 = a^3 + 3a^2b + 3ab^2 + b^3$ $\qquad$ $(a - b)^3 = a^3 - 3a^2b + 3ab^2 - b^3$

67 Utilizando os casos de produtos notáveis, determinar o produto, nos casos:

a) $(9x + 8)(9x - 8) =$

b) $(5a - 11x)(5a + 11x) =$

c) $(3x + 7y)^2 =$

d) $(5x - 8a)^2 =$

e) $(x + 8)(x + 7) =$

f) $(x - 5)(x + 8) =$

g) $(2x + 3)(4x^2 - 6x + 9) =$

h) $(5x - 6)(25x^2 + 30x + 36) =$

i) $(49x^2 - 21x + 9)(7x + 3) =$

j) $(16x^2 + 12xy + 9y^2)(3y - 4x) =$

k) $(5x - 3y - 7)^2 =$

l) $(- 4x^2 - 2x + 6)^2 =$

m) $(4x + 6y)^3 =$

n) $(6x^3 - 5y^4)^3 =$

Resp: **64** $-x^4 - 4x^3 - 13x^2 + 72x - 53$ $\qquad$ b) $-2x^3 - 22x^2 - 9xy - 4x - 6y - 54y^3 - 1$ $\qquad$ c) $32a^3 - 104a - 48$ $\qquad$ d) $2x^4 + 17x^3 - 11x^2 - 158x$

e) $-15x^3 - 17x^2 - 24x + 13$ $\qquad$ **65** $27x^3 + 54x^2a + 36xa^2 + 8a^3$ $\qquad$ b) $8x^6 - 36x^4y^3 + 54x^2y^6 - 27y^9$

c) $125x^3 + 300x^2 + 240x + 64$ $\qquad$ d) $216x^3 - 540x^2 + 450x^2 - 125$ $\qquad$ e) $x^3 + 3x + 3 \cdot \dfrac{1}{x} + \dfrac{1}{x^3}$

f) $\dfrac{1}{x^3} - 3 \cdot \dfrac{1}{x} + 3x - x^3$ $\qquad$ g) $8x^3 - 24x + 24\dfrac{1}{x} - \dfrac{8}{x^3}$ $\qquad$ h) $125a^3 + 375a + 375 \cdot \dfrac{1}{a} + \dfrac{125}{a^3}$

68 Simplificar as seguintes expressões:

a) $-(3x-5)(3x+5) + 2(4x-3)^2 - (2x^2-3x-4)^2 - 4x^3(3-x) =$

b) $(3x+5)^2 - 2(2x-5)(4x^2+10x+25) + 2(2x-5)^3 + 25(2x+1)(2x-1) =$

c) $-(x+3)^3 + x(x+3)(x-5) - (-2x-5)(3x-2) =$

d) $-2(2x-y)^2 - 3(3x+y)(3x-y) + 4(2x-3y)(4x+5y) - 2(x+7y)(x-2y) =$

e) $(-x^2-3x-5)^2 - x(x-3)(x^2+3x+9) - 2(3x-2)(4x+1) - 6x(x-2)(x+2) =$

f) $2(x-2)^3 - 2x(x+7)(x-3) - 2(x+8)(3x-4) + (x-4)(x^2+4x+16) =$

69 Sendo as variáveis, em cada caso, número reais, resolver:

Obs.: Neste exercícios e nos seguintes, determinar o que se pede, sem determinar os valores de cada variável.

a) Se $a + b = 11$ e $ab = 7$, determinar $a^2 + b^2$.

b) Se $x^2 + y^2 = 81$ e $xy = 20$, determinar $x + y$.

c) Se $ab = 5$ e $a^2 + b^2 = 235$, determinar $a - b$.

d) Se $a + b = 8$ e $a^2 + b^2 = 60$, determinar ab.

e) Se $x + y = m$ e $xy = n$, determinar $x^2 + y^2$.

Resp: **66** a) $6x^3 - 24x^2 - 18x - 17$ b) $87x + 32$ c) $136x^2 - 410x - 393$ d) $5x^2 - 22x + 192$ e) $30x^3 + 252x^2y + 270xy^2 + 131y^3$

67 a) $81x^2 - 64$ b) $25a^2 - 121x^2$ c) $9x^2 + 42xy + 49y^2$ d) $25x^2 - 80ax + 64a^2$ e) $x^2 + 15x + 56$

f) $x^2 + 3x - 40$ g) $8x^3 + 27$ h) $125x^3 - 216$ i) $343x^3 + 27$ j) $27y^3 - 64x^3$

k) $25x^2 + 9y^2 + 49 - 30xy - 70x + 42y$ l) $16x^4 + 16x^3 - 44x - 24x + 36$ m) $64x^3 + 288x^2y + 432xy^2 + 216y^3$

n) $216x^9 - 540x^6y^4 + 450x^3y^8 - 125y^{12}$

70 Resolver:

a) Se $a + b = n$ e $a^2 + b^2 = m$, determinar ab.

b) Se $a + b = -12$ e $ab = 3$ determinar $3a^2 + 3b^2$.

c) Se $a + b = 18$ e $a^2 + b^2 = 292$ determinar $\dfrac{1}{4}$ de ab.

d) Se $a + b = m$ e $a - b = n$, determinar $a^2 - b^2$.

e) Se $a + b = m$ e $a - b = n$, determinar $a^2 + b^2$.

f) Se $x + y = a$ e $x - y = b$, determinar xy.

71 Resolver:

a) Se $x + y = m$ e $x - y = n$, determinar $4x^2 + 4y^2 + 20xy$.

b) Se $a + b = 7$ e $a^2 - ab + b^2 = 39$, determinar $a^3 + b^3$.

c) Se $a - b = 8$ e $a^2 + ab + b^2 = 50$, determinar $a^3 - b^3$.

d) Se $a + b = 12$ e $a^3 + b^3 = 1200$, determinar $a^2 - ab + b^2$.

e) Se $a - b = 9$ e $a^3 - b^3 = 180$, determinar $a^2 + ab + b^2$.

f) Se $a^3 - b^3 = 75$ e $a^2 + ab + b^2 = 15$, determinar $a - b$.

Resp: **68** a) $30x^2 - 72x + 27$ b) $-11x^2 + 330x$ c) $-5x^2 - 31x - 37$ d) $-5x^2 - 10xy - 31y^2$ e) $-5x^2 + 91x + 29$ f) $x^3 - 26x^2 + 26x - 16$
69 a) 107   b) -11 ou 11   c) 15 ou -15 d) 2   e) $m^2 - 2n$

72 Resolver:

a) Se $a - b = m$, $m \neq 0$ e $a^3 - b^3 = n$, determinar $a^2 + ab + b^2$.

b) Se $a^2 - ab + b^2 = m$, $m \neq 0$ e $a^3 + b^3 = n$, determinar $a + b$.

c) Se $a^2 + ab + b^2 = m$, $m \neq 0$ e $a^3 - b^3 = n$, determinar $a^2 - 2ab + b^2$.

d) Se $a - b = 3$ e $a^3 - b^3 = 24$, determinar $4a^2 + 4ab + 4b^2$.

e) Se $a + b = 5$ e $a^3 + b^3 = 100$, determinar $a^2 + b^2$.

f) Se $a - b = 6$ e $a^3 - b^3 = 144$, determinar ab.

73 Resolver:

a) Se $a + b = 12$ e $a^3 + b^3 = 1296$ determinar $3a^2b + 3ab^2$

b) Se $a + b = 6$ e $4a^2b + 4ab^2 = -384$, determinar $a^3 + b^3$

c) Se $a^3 + b^3 = 665$ e $a^2b + ab^2 = -180$, determinar $a + b$

d) Se $ab^2 - a^2b = 330$ e $a^3 - b^3 = -1115$, determinar $a - b$

e) Se $a - b = 16$ e $a^3 - b^3 = 1072$, determinar ab

Resp: **70** a) $\frac{1}{2}(n^2 - m)$ b) 414 c) 4 d) mn e) $\frac{1}{2}(m^2 + n^2)$ f) $\frac{1}{2}(a^2 - b^2)$ **71** a) $7m^2 - 3n^2$ b) 273
c) 400 d) 100 e) 20 f) 5

74 Resolver:

a) Se $(x + y)^3 = m$ e $(x - y)^3 = n$, determinar $7x^3 + 21xy^2$ e $3y^3 + 9x^2y$.

b) Se $a^2 + b^2 + c^2 = 260$ e $ab + ac + bc = 32$, determinar $a + b + c$.

c) Se $a + b + c = -13$ e $a^2 + b^2 + c^2 = 289$, determinar $5ab + 5ac + 5bc$.

d) Se $a + b + c = 8$ e $ab + ac + bc = -119$, determinar $7a^2 + 7b^2 + 7c^2$.

75 Resolver:

a) Se $x + \dfrac{1}{x} = 6$, determinar $x^2 + \dfrac{1}{x^2}$.

b) Se $x - \dfrac{1}{x} = 8$, determinar $x^2 + \dfrac{1}{x^2}$.

c) Se $x^2 + \dfrac{1}{x^2} = 14$, determinar $x + \dfrac{1}{x}$.

d) Se $x^2 + \dfrac{1}{x^2} = 51$, determinar $x - \dfrac{1}{x}$.

e) Se $x + \dfrac{1}{x} = m$, determinar $x^2 + \dfrac{1}{x^2}$.

f) Se $\dfrac{1}{x} - x = n$, determinar $\dfrac{1}{x^2} + x^2$.

Resp: **72** a) $\dfrac{n}{m}$ b) $\dfrac{n}{m}$ c) $\dfrac{n^2}{m^2}$ d) 32 e) $\dfrac{65}{3}$ f) – 4 **73** a) 432 b) 504 c) 5 d) – 5 e) – 63

76 Resolver:

a) Se $x + \dfrac{1}{x} = 3$, determinar $x^3 + \dfrac{1}{x^3}$.

b) Se $x - \dfrac{1}{x} = 7$, determinar $x^3 - \dfrac{1}{x^3}$.

c) Se $x^2 + \dfrac{1}{x^2} = 23$, determinar $x^3 + \dfrac{1}{x^3}$.

77 Resolver:

a) A soma de dois números é 9 e o produto deles é − 70. Determinar a soma dos quadrados desses números.

b) O produto de dois números é − 96 e a soma de seus quadrados é 208, determinar a soma desses números.

c) A soma de dois números é 1 e a soma de seus cubos é 91, determinar a soma dos quadrados deles, menos o produto deles.

d) A soma de dois números é 3 e a soma de seus cubos é 279, determinar o multiplicação do produto deles pela soma deles.

e) A diferença entre os cubos de dois números é 341 e a soma dos 3 produtos possíveis destes dois números é 31, determinar a diferença entre eles tomados na mesma ordem que a diferença dos cubos.

Resp: **74** a) $\frac{3}{2}(m-n)$ b) − 18 ou 18   c) − 300   d) 2114   **75** a) 34   b) 66   c) 4 ou − 4   d) − 7 ou 7
e) $m^2 - 2$ f) $n^2 + 2$

78 Resolver:

a) A soma de dois números é 5 e a soma de seus cubos é 335, determinar o produto deles.

b) A soma dos cubos de dois números é 296 e a multiplicação do produto deles pela sua soma é − 96, determinar a soma deles.

c) A soma de três números é 14 e a soma de seus quadrados é 134, determinar o quíntuplo da soma dos três produtos deles, tomados dois a dois.

d) A soma de três números é 17 e a soma dos três produtos deles, tomados dois a dois, é 39, determinar a soma dos quadrados deles.

79 A soma de dois números é 3 e a soma de seus cubos é 513, determinar a diferença entre esses números

80 A diferença entre um número e o seu inverso é 9, determinar a soma do seu quadrado com o quadrado do seu inverso.

81 Se um número é positivo e a soma de seu quadrado com o quadrado de seu inverso é 167, determinar a soma de seu cubo com o cubo de seu inverso.

Resp: **76** a) 18 b) 364 c) 110 ou −110   **77** a) 221 b) −4 ou 4 c) 91 d) −84 e) 11   **78** a) −14 b) 2 c) 155 d) 211   **79** −15 ou −15   **80** 83   **81** 2158

II FATORAÇÃO

Simplificação de frações algébricas

Na simplificação de uma fração algébrica usamos a seguinte propriedade:

Se $b \neq 0$ e $c \neq 0$, então: $\boxed{\dfrac{a \cdot c}{b \cdot c} = \dfrac{a}{b}}$

Dividimos o numerador e o denominador pelo fator comum c.

"Cortamos" fatores diferentes de **zero**.

Nas frações seguintes considerar que os fatores dos denominadores são diferentes de **zero**.

Fazendo $m + n = s$, olhe a seguinte simplificação:

$$\frac{x(m+n)}{y(m+n)} = \frac{x \cdot s}{y \cdot s} = \frac{x}{y} \qquad \text{Então: } \frac{x(m+n)}{y(m+n)} = \frac{x}{y}$$

Exemplos:

1) $\dfrac{a^4 bc}{a^7 c} = \dfrac{a^4 bc}{a^4 \cdot a^3 c} = \dfrac{b}{a^3}$ Então: $\dfrac{a^4 bc}{a^7 c} = \dfrac{b}{a^3}$

2) $\dfrac{4x^5 y^2}{6x^3 y^7} = \dfrac{2 \cdot 2 \cdot x^3 \cdot x^2 \cdot y^2}{2 \cdot 3 \cdot x^3 \cdot y^2 \cdot y^5} = \dfrac{2x^2}{3y^5}$ Então: $\dfrac{4x^5 y^2}{6x^3 y^7} = \dfrac{2x^2}{3y^5}$

3) $\dfrac{5x^5 z}{7x^2 y} = \dfrac{5x^3 z}{7y}$

4) $\dfrac{5x^2 y^5}{10x^3 y} = \dfrac{y^4}{2x}$

5) $\dfrac{15x^3 y}{25x^3 z} = \dfrac{3y}{5z}$

6) $\dfrac{2abc}{5ab^2 c} = \dfrac{2}{5b}$

7) $\dfrac{(a+b)x^2}{(a+b)x^3} = \dfrac{1}{x}$

8) $\dfrac{(a+b)x}{(c+d)x} = \dfrac{a+b}{c+d}$

9) $\dfrac{(a+b)(c+d)}{(a+b)(a-b)} = \dfrac{c+d}{a-b}$

10) $\dfrac{x(x-2)}{y(x-2)} = \dfrac{x}{y}$

11) $\dfrac{x(x+y)}{x(x-y)} = \dfrac{x+y}{x-y}$

12) $\dfrac{4(x+y)(x-y)}{6(x-y)^2} = \dfrac{2(x+y)(x-y)}{3(x-y)(x-y)} = \dfrac{2(x+y)}{3(x-y)}$ Então: $\dfrac{4(x+y)(x-y)}{6(x-y)^2} = \dfrac{2(x+y)}{3(x-y)}$

Obs: Não é necessário neste último exemplo efetuar as multiplicações $2(x + y)$ e $3(x − y)$.

---

82 Simplificar as seguintes frações:

a) $\dfrac{ax}{bx} =$

b) $\dfrac{3a}{2ax} =$

c) $\dfrac{4x}{6y} =$

d) $\dfrac{x^4 y}{x^6} =$

e) $\dfrac{3ax}{5ay} =$

f) $\dfrac{x^4 y^7}{xy^8} =$

g) $\dfrac{6x^3 a}{9x^4} =$

h) $\dfrac{a}{ax} =$

i) $\dfrac{x^3}{x^5} =$

j) $\dfrac{-12ax}{18bx} =$

k) $\dfrac{-30x^5 y^2}{45x^6 y} =$

l) $\dfrac{9x^2 y^3}{18x^3 y^4} =$

83 Simplificar:
(Há casos em que o resultado não será uma fração algébrica).

a) $\dfrac{3xy^2}{4x^2y} =$
b) $\dfrac{6x^2y^2}{3xy} =$
c) $\dfrac{4x^2}{16x^3} =$

d) $\dfrac{-27x^3a}{-9xa} =$
e) $\dfrac{60x^4y^7}{42x^4y^3} =$
f) $\dfrac{16x^3}{4x^2} =$

g) $\dfrac{x^2}{x^3} =$
h) $\dfrac{x^3}{x^2} =$
i) $\dfrac{ab^2c^3}{ab^3c^2} =$

84 Simplificar as frações:

a) $\dfrac{x(a+b)}{y(a+b)} =$
b) $\dfrac{x(a+b)}{x(a-b)} =$

c) $\dfrac{(a+b)(a-b)}{(a-b)(a-b)} =$
d) $\dfrac{(a+b)^4}{(a+b)^7} =$

e) $\dfrac{(a+b)^2}{(a+b)(a-b)} =$
f) $\dfrac{(x+y)(x-y)}{(x-y)^2} =$

g) $\dfrac{4x(x+y)}{6y(x+y)} =$
h) $\dfrac{4x(x+y)}{6y(x-y)} =$

i) $\dfrac{5x^2y(x+y)}{7xy^2(x+y)} =$
j) $\dfrac{5x^2y(x+y)}{7xy^2(x-y)} =$

k) $\dfrac{x^2y(x+y)}{x(x+y)^2} =$
l) $\dfrac{14x^2(x-y)^2}{21xy(x-y)^3} =$

m) $\dfrac{(a+b)(x+y)}{(x+y)(x-y)} =$
n) $\dfrac{(x+y)(x^2-xy+y^2)}{(x-y)(x^2-xy+y^2)} =$

o) $\dfrac{(x+y)^3}{(x+y)^2(x-y)} =$
p) $\dfrac{16x^2y(x-y)}{48xy(x-y)(x^2+xy+y^2)} =$

85 Simplificar as seguintes frações:

a) $\dfrac{18x^4y^3(x+y)^3}{27x^3y^4(x-y)^2}$
b) $\dfrac{63a^2b^3(x-y)^5(x+y)^4}{84a^2b(x+y)^3(x-y)^6}$
c) $\dfrac{2x^2(2x-1)^2(x-2)^4}{10x(2x-1)^3(x-2)^3}$

d) $\dfrac{17x^2(x+2)(x-2)}{51x^2(x+2)(x-1)}$
e) $\dfrac{51xy(x+3)^2}{68xy(x+3)(x^2-3x+9)}$
f) $\dfrac{52ax(x+1)(x^2-x+1)}{65ay(x-1)(x^2-x+1)}$

2 – Fatoração de polinômios

1º caso: **Fator comum em evidência**

(Põe-se o máximo divisor comum em evidência).

Neste caso usamos a propriedade distributiva e a propriedade simétrica da igualdade.

$$a(x + y) = ax + ay \Leftrightarrow ax + ay = a(x + y)$$

Máximo divisor comum (mdc) de monômios.

Exemplos:

1) mdc $(6x^2y^3, 8x^3yz) = 2x^2y$

2) mdc $(16a^4b^3c^2, 24a^3b^4c^3, 40a^5b^2) = 8a^3b^2$

Fator comum em evidência.

Exemplos:

1) $ab + ac = a(b + c)$ | 2) $mx + nx = x(m + n)$
3) $2x + 2y = 2(x + y)$ | 4) $8xy + 4x = 4x(2y + 1)$
5) $16x^4 + 20x^3y = 4x^3(4x + 5y)$ | 6) $9x^2y - 21xyz = 3xy(3x - 7z)$

7) $18ax^3y^3a - 12bx^3y^4 - 30x^2y^3z = 6x^2y^3(3ax - 2by - 5z)$

Para obter o polinômio entre parênteses dividi-se cada termo do polinômio dado pelo fator colocado em evidência).

---

86 Efetuar as seguintes divisões:

a) $(8x^2y^3 - 12x^3y^2 - 28x^2yz) : (4x^2y) =$

b) $(35ax^4 + 63bx^3 - 49cx^2) : (7x^2) =$

c) $(-48x^3y^2a + 60x^2y^3b - 12x^2y^2) : (-12x^2y^2) =$

87 Em cada caso o fator comum já está em evidência. Completar a fatoração:

a) $4ax + 5ay = a($ | b) $6x^2 + 4xy = 2x($
c) $18x^3 - 12x^2y = 6x^2($ | d) $35a^3b - 63a^2b^2 = 7a^2b($
e) $24x^2y^2 + 16xy^3 = 8xy^2($ | f) $42x^3 - 70x^2y - 56x^2 = 14x^2($

88 Fatorar as seguintes expressões:

a) $ax + ay =$ | b) $ax + bx =$
c) $mx + my =$ | d) $mx + nx =$
e) $7ax - 7bx =$ | f) $4x^4 - 6x^3 =$
g) $14a - 21b =$ | h) $17x^2 - 34x =$
i) $a^2 + ab =$ | j) $ab - a =$

Resp: **82** a) $\dfrac{a}{b}$ b) $\dfrac{3}{2x}$ c) $\dfrac{2x}{3y}$ d) $\dfrac{y}{x^2}$ e) $\dfrac{3x}{5y}$ f) $\dfrac{x^3}{y}$ g) $\dfrac{2a}{3x}$ h) $\dfrac{1}{x}$ i) $\dfrac{1}{x^2}$ j) $-\dfrac{2a}{3b}$ k) $-\dfrac{2y}{3x}$ l) $\dfrac{1}{2xy}$

89 Fatorar:

a) $6x^2y - 9xy^2 =$

b) $36x^3y - 24x^2y^3 =$

c) $45a^2x - 63abx^2 =$

d) $52x^3y^3 - 65x^2y^4 =$

e) $24a^2x^3y - 40abx^2y^2 - 56ax^3y^2 =$

f) $18x^3y - 24x^2y^2 - 30x^2y =$

g) $2a(x-y) - 3b(x-y) =$

h) $3x^2(a+b) - 2y(a+b) - 3(a+b) =$

Para simplificar frações algébricas dividimos o numerador e o denominador por fatores comuns. Então quando o numerador e o denominador não estão fatorados, devemos primeiramente fatorá-los.

Exemplos:

1) $\dfrac{ax + ay}{x^2 + xy} = \dfrac{a(x+y)}{x(x+y)} = \dfrac{a}{x}$

2) $\dfrac{x^2 - xy}{x^2 + xy} = \dfrac{x(x-y)}{x(x+y)} = \dfrac{x-y}{x+y}$

---

90 Simplificar as seguintes frações:

a) $\dfrac{ax + a^2}{bx + ab} =$

b) $\dfrac{ax + ay}{ax - ay} =$

c) $\dfrac{x^2 + xy}{x^2 - xy} =$

d) $\dfrac{x^2 - x}{xy - y} =$

e) $\dfrac{2x^2 - 4x}{xy - 2y} =$

f) $\dfrac{3a^2 - a}{6ax - 2x} =$

g) $\dfrac{4x^3 - 4x^2y}{6x^4 - 6x^3y} =$

h) $\dfrac{30x^4 - 45x^3y}{20x^2y - 30xy^2} =$

i) $\dfrac{24x^3 - 12x^2y}{48x^3 - 16x^2y} =$

j) $\dfrac{36x^2 - 24xy}{54xy - 36y^2} =$

k) $\dfrac{34x^2 + 51x}{102x^2 - 153x} =$

l) $\dfrac{39x^3 - 26x^2}{45x^2y - 30xy} =$

m) $\dfrac{(x+y)a + (x+y)b}{(x-y)a + (x-y)b} =$

n) $\dfrac{3x(a+b)(a-b) - 3x(a+b)^2}{2abx(2b-3) + 2b^2x(2b-3)} =$

Equações redutíveis a do primeiro grau

Algumas equações com uma variável, que não são do primeiro grau, podem ser resolvidas usando os casos de fatoração que estamos estudando.

Propriedades:

I - Para n inteiro positivo, temos: $a^n = 0 \Leftrightarrow a = 0$

II - Para os números racionais a e b, temos: $a \cdot b = 0 \Leftrightarrow a = 0$ ou $b = 0$

De acordo com essas duas propriedades, usando primeiramente fatoração, podemos resolver algumas equações:

Exemplos:

1) $x^2 - 6x = 0$
   $x(x - 6) = 0$
   $x = 0$ ou $x - 6 = 0$
   $x = 0$ ou $x = 6$
   $S = \{0, 6\}$

2) $7x^4 - 21x^3 = 0$
   $7x^3(x - 3) = 0$
   $x^3 = 0$ ou $x - 3 = 0$
   $x = 0$ ou $x = 3$
   $S = \{0, 3\}$

3) $16x^5 - 24x^4 = 0$
   $8x^4(2x - 3) = 0$
   $x^4 = 0$ ou $2x - 3 = 0$
   $x = 0$ ou $x = \dfrac{3}{2}$
   $S = \left\{0, \dfrac{3}{2}\right\}$

91 Resolver as seguintes equações. (Usar fatoração).

a) $x^2 - 8x = 0$

b) $4x^2 - 36x = 0$

c) $9x^2 + 54x = 0$

d) $x^5 - 7x^4 = 0$

e) $7x^4 + 56x^3 = 0$

f) $17x^6 - 51x^5 = 0$

g) $6x^3 + 9x^2 = 0$

h) $7x^4 - 5x^3 = 0$

i) $13x^2 + 91x = 0$

Resp: **83** a) $\dfrac{3y}{4x}$ b) $2xy$ c) $\dfrac{1}{4x}$ d) $3x^2$ e) $\dfrac{10}{7}y^4$ f) $4x$ g) $\dfrac{1}{x}$ h) x i) $\dfrac{c}{b}$ **84** a) $\dfrac{x}{y}$

b) $\dfrac{a+b}{a-b}$ c) $\dfrac{a+b}{a-b}$ d) $\dfrac{1}{(a+b)^3}$ e) $\dfrac{a+b}{a-b}$ f) $\dfrac{x+y}{x-y}$ g) $\dfrac{2x}{3y}$ h) $\dfrac{2x(x+y)}{3y(x-y)}$ i) $\dfrac{5x}{7y}$ j) $\dfrac{5x(x+y)}{7y(x-y)}$

k) $\dfrac{xy}{x+y}$ l) $\dfrac{2x}{3y(x-y)}$ m) $\dfrac{a+b}{x-y}$ n) $\dfrac{x+y}{x-y}$ o) $\dfrac{x+y}{x-y}$ p) $\dfrac{x}{3(x^2+xy+y^2)}$

85 a) $\dfrac{2x(x+y)^3}{3y(x-y)^2}$ b) $\dfrac{3b^2(x+y)}{4(x-y)}$ c) $\dfrac{x(x-2)}{5(2x-1)}$ d) $\dfrac{x-2}{3(x-1)}$ e) $\dfrac{3(x+3)}{4(x^2-3x+9)}$ f) $\dfrac{4x(x+1)}{5y(x-1)}$

86 a) $2y^2 - 3xy - 7z$ b) $5ax^2 + 9bx - 7c$ c) $4xa - 5yb + 1$ **87** a) $a(4x + 5y)$ b) $2x(3x + 2y)$ c) $6x^2(3x - 2y)$

d) $7a^2b(5a - 9b)$ e) $8xy^2(3x + 2y)$ f) $14x^2(3x - 5y - 4)$ **88** a) $a(x + y)$ b) $x(a + b)$ c) $m(x + y)$

d) $x(m + n)$ e) $7x(a - b)$ f) $2x^3(2x - 3)$ g) $7(2a - 3b)$ h) $17x(x - 2)$ i) $a(a + b)$ j) $a(b - 1)$

92 Resolver as seguintes equações:

a) $3x(2x-1) - 4(2x-1) = 0$

b) $5x(6x-12) + 3(6x-12) = 0$

c) $3x(2-x) - 4(2-x) = 0$

d) $7(2x-5) - 3x(2x-5) = 0$

93 Considerando que nos radicais com índice par as variáveis dos monômios que são os radicandos são positivas ou nulas, observar, quando for possível, como eliminamos os radicais.

1) $(2x^3y^2)^4 = 16x^{12}y^8 \Rightarrow \sqrt[4]{16x^{12}y^8} = 2x^3y^2$

2) $(3x^5y^2)^3 = 27x^{15}y^6 \Rightarrow \sqrt[3]{27x^{15}y^6} = 3x^5y^2$

Simplificar as seguintes expressões:

a) $\sqrt{25x^{10}y^2} =$

b) $\sqrt[3]{8x^6y^9} =$

c) $\sqrt[5]{32x^{10}y^5} =$

d) $\sqrt{\dfrac{9}{25}x^2y^4} =$

e) $\sqrt[4]{81x^4y^8} =$

f) $\sqrt{81x^4y^8} =$

g) $\sqrt[3]{64x^6y^{12}} =$

h) $\sqrt{64x^6y^{12}} =$

i) $\sqrt{121x^2y^2} =$

j) $\sqrt[3]{125x^3y^3} =$

94 Considerando que as variáveis dos monômios não são negativas, determinar a raiz quadrada dos monômios, nos casos:

a) $25x^2 \Rightarrow$	b) $36x^2y^2 \Rightarrow$	c) $100x^{10} \Rightarrow$
d) $36x^{36} \Rightarrow$	b) $16x^{16}y^6 \Rightarrow$	c) $324x^{18} \Rightarrow$

95 Determinar a raiz cúbica do monômio, nos casos:

a) $27x^6 \Rightarrow$	b) $8x^3y^6 \Rightarrow$	c) $27x^{27} \Rightarrow$
d) $125x^{15} \Rightarrow$	e) $64x^3y^{24} \Rightarrow$	f) $343x^{21} \Rightarrow$

96 Em cada caso é dado um número natural. Determinar os pares de fatores naturais (sem comutar) cujo produto seja o número dado e em seguida determinar a soma e a diferença positiva entre esses fatores. Olhar o item a.

a) 15 $15 = 1 \cdot 15,\ 15+1=16,\ 15-1=14$ $15 = 3 \cdot 5,\ 5+3=8,\ 5-3=2$	b) 21
c) 12	d) 20

97 Determinar dois números naturais dado o produto P e a soma S ou a diferença D, nos casos:

a) P = 24, S = 11 $\Rightarrow$	b) P = 30, D = 13 $\Rightarrow$	c) P = 42, S = 13 $\Rightarrow$
d) P = 12, D = 4 $\Rightarrow$	e) P = 30, S = 11 $\Rightarrow$	f) P = 30, D = 1 $\Rightarrow$
g) P = 56, D = 1 $\Rightarrow$	h) P = 48, D = 2 $\Rightarrow$	i) P = 36, S = 15 $\Rightarrow$
j) P = 44, S = 15 $\Rightarrow$	k) P = 55, D = 6 $\Rightarrow$	l) P = 56, S = 15 $\Rightarrow$
m) P = 18, D = 3 $\Rightarrow$	n) P = 45, D = 4 $\Rightarrow$	o) P = 63, S = 16 $\Rightarrow$
p) P = 27, S = 12 $\Rightarrow$	q) P = 63, D = 2 $\Rightarrow$	r) P = 40, S = 6 $\Rightarrow$

Resp: **89** a) $3xy(2x-3y)$ b) $12x^2y(3x-2y^2)$ c) $9ax(5a-7bx)$ d) $13x^2y^3(4x-5y)$ e) $8ax^2y(3ax-5by-7xy)$ f) $6x^2y(3x-4y-5)$ g) $(x-y)(2a-3b)$ h) $(a+b)(3x^2-2y-3)$ **90** a) $\frac{a}{b}$ b) $\frac{x+y}{x-y}$ c) $\frac{x+y}{x-y}$ d) $\frac{x}{y}$ e) $\frac{2x}{y}$ f) $\frac{a}{2x}$ g) $\frac{2}{3x}$ h) $\frac{3x^2}{2y}$ i) $\frac{3(2x-y)}{4(3x-y)}$ j) $\frac{2x}{3y}$ k) $\frac{2x+3}{3(2x-3)}$ l) $\frac{13x}{15y}$ m) $\frac{x+y}{x-y}$ n) $\frac{3}{3-2b}$ **91** a) $\{0, 8\}$ b) $\{0, 9\}$ c) $\{0, -6\}$ d) $\{0, 7\}$ e) $\{0, -8\}$ f) $\{0, 3\}$ g) $\left\{0, -\frac{3}{2}\right\}$ h) $\left\{0, \frac{5}{7}\right\}$ i) $\{0, -7\}$

Fatoração

2º caso: **Diferença de quadrados**

Neste caso usamos o caso de produtos notáveis "produto da soma pela diferença" e a propriedade simétrica da igualdade.

$$(a + b)(a - b) = a^2 - b^2 \Leftrightarrow a^2 - b^2 = (a + b)(a - b)$$

Exemplos:

1º) $x^2 - y^2 = (x + y)(x - y)$

2º) $-25 + x^2 = x^2 - 25 = (x + 5)(x - 5)$

3º) $4x^2 - 9 = (2x + 3)(2x - 3)$

4º) $25a^2 - \dfrac{1}{4} = \left(5a + \dfrac{1}{2}\right)\left(5a - \dfrac{1}{2}\right)$

98 Fatorar as seguintes diferenças de quadrados:

a) $a^2 - c^2 =$

b) $x^2 - a^2 =$

c) $x^2 - 9 =$

d) $-4 + a^2 =$

e) $49x^2 - 4y^2 =$

f) $64x^2 - 1 =$

g) $1 - 25a^2 =$

h) $36a^2 - 121 =$

99 Fatorar:

a) $x^4 - y^4$

b) $x^4 - 1$

c) $x^4 - 625$

d) $16x^4 - 81$

100 Fatorar. (Há exercícios de "fator comum" e de "diferença de quadrados").

a) $16x^2 - 25 =$

b) $16x^2 - 20x =$

c) $36x^2 - 9xy =$

d) $36x^2 - 25 =$

e) $36x^2 + 25x^2y^2 =$

f) $49x^2 - 36 =$

g) $169x^2 - 81 =$

h) $100a^2 + 25 =$

i) $196a^2 - 169 =$

j) $225x^2 - 289 =$

k) $36x^2 + 144xy =$

l) $324x^2 - 289y^2 =$

101 Nos exercícios de fatoração verificar primeiramente se há fator comum para por em evidência. Se houver fatorar e verificar se a expressão entre parênteses pode ainda ser fatorada.

a) **Exemplo**:
$5x^3 - 45xy^2 =$
$= 5x(x^2 - 9y^2) =$
$= 5x(x + 3y)(x - 3y)$

b) $5x^3y - 20xy^3 =$

c) $24x^4 - 54x^2$

d) $36x^4 - 100x^2y^2$

e) $72x^3y - 8xy^3$

f) $81x^4y^2 - 144x^2y^2$

102 Fatorar:

a) $25x^4 + 100x^2y^2 =$

b) $100x^2 - 49 =$

c) $36x^4 - 54x^3y =$

d) $36x^2 - 25y^2 =$

e) $27x^3 - 147x =$

f) $4x^7 - 64x^3 =$

g) $100x^4y^2 - 64x^2y^2$

h) $256x^6 - 400x^4$

i) $4x^{12} - 4x^4$

j) $144x^4 - 64x^2y^2 =$

Resp: **92** a) $\left\{\dfrac{1}{2}, \dfrac{4}{3}\right\}$ b) $\left\{2; -\dfrac{3}{5}\right\}$ c) $\left\{2, \dfrac{4}{3}\right\}$ d) $\left\{\dfrac{5}{2}; \dfrac{7}{3}\right\}$ **93** a) $5x^5y$ b) $2x^2y^3$ c) $2x^2y$ d) $\left\{\dfrac{3}{5}xy^2\right\}$
e) $3xy^2$ f) $9x^2y^4$ g) $4x^2y^4$ h) $8x^3y^6$ i) $11xy$ j) $5xy$ **94** a) $5x$ b) $6xy$
c) $10x$ d) $6x^{18}$ e) $4x^8y^3$ f) $18x^9$ **95** a) $3x^2$ b) $2xy^2$ c) $3x^9$ d) $5x^5$ e) $8xy^8$
f) $7x^7$ **96** a) 1.15; 16; 14; 3.5; 8; 2 b) 1.21; 22; 20; 3.7; 10; 4 c) 1.12; 13; 11; 2.6; 8; 4; 3.4; 7; 1
d) 1.20; 21; 19; 2.10; 12; 8; 4.5; 9; 1 **97** a) 3; 8 b) 2; 15 c) 6; 7 d) 2; 6 e) 5; 6 f) 5; 6 g) 7; 8
h) 6; 8 i) 3; 12 j) 4; 11 k) 5; 11 l) 7; 8 m) 3; 6 n) 5; 9 o) 7; 9 p) 3; 9 q) 7; 9 r) 4: 10

103 Simplificar as seguintes frações:

a) $\dfrac{x^2 + xy}{x^2 - y^2}$

b) $\dfrac{x^2 - y^2}{xy - y^2}$

c) $\dfrac{2x^2 - 4x}{x^2 - 4}$

d) $\dfrac{4x^2y + 6xy}{16x^3 - 36x}$

e) $\dfrac{14x^4 - 126x^2}{21x^2y - 63xy}$

f) $\dfrac{52xy^2 - 52xy}{91y^4 - 91y^2}$

104 Resolver as seguintes equações. (Usar fatoração).

a) **Exemplo:**
$x^2 - 9 = 0$
$(x + 3)(x - 3) = 0$
$x + 3 = 0$ ou $x - 3 = 0$
$x = -3$ ou $x = 3$
$S = \{-3, 3\}$

b) $x^2 - 25 = 0$

c) $16x^2 - 49 = 0$

d) $7x^4 - 252x^2 = 0$

e) $32x^5 - 8x^3 = 0$

f) $52x^4 - 117x^2 = 0$

g) $20x^4 - 405x^2 = 0$

h) $12x - 75x^3 = 0$

i) $144x^6 - 64x^4 = 0$

Fatoração
3º caso: **Trinômio quadrado perfeito**

Neste caso usamos os casos de produtos notáveis "quadrado da soma" e "quadrado da diferença" e a propriedade simétrica da igualdade.

$$(a + b)^2 = a^2 + 2ab + b^2 \Leftrightarrow a^2 + 2ab + b^2 = (a + b)^2$$
$$(a - b)^2 = a^2 - 2ab + b^2 \Leftrightarrow a^2 - 2ab + b^2 = (a - b)^2$$

Exemplos:

1) $x^2 + 2xy + y^2 = (x + y)^2$
3) $4x^2 - 4xy + y^2 = (2x - y)^2$
2) $x^2 - 2xy + y^2 = (x - y)^2$
4) $a^2 + 10ab + 25b^2 = (a + 5b)^2$

105 Fatorar os seguintes trinômios:

a) $m^2 + 2mn + n^2 =$

b) $a^2 - 2ax + x^2 =$

c) $x^2 + 2x + 1 =$

d) $x^2 - 2x + 1 =$

e) $x^2 - 2 \cdot x \cdot 5 + 25 =$

f) $x^2 + 2 \cdot x \cdot 7 + 49 =$

g) $a^2 + 6a + 9 =$

h) $a^2 - 12a + 36 =$

i) $9x^2 - 6x + 1 =$

j) $4x^2 + 2 \cdot 2x \cdot 3 + 9 =$

k) $9x^2 + 12xy + 4y^2 =$

l) $4x^2 - 20xy + 25y^2 =$

m) $49x^2 - 42xy + 9y^2 =$

n) $4x^2 + 36xy + 81y^2 =$

106 Fatorar:

a) $9x^2 - 4a^2 =$

b) $9x^2 - 18x =$

c) $9x^2 - 12ax + 4a^2 =$

d) $9x^2 + 6xy + y^2 =$

e) $25x^2 + 75xy =$

f) $25x^2 - 49a^2 =$

g) $25x^2 + 70x + 49 =$

h) $121 - 22ax + a^2x^2 =$

i) $144x^2 - 169 =$

j) $144x^2 - 120x + 25 =$

k) $36xy - 144y^2 =$

l) $x^2 + x + \dfrac{1}{4} =$

Resp: **98** a) $(a + c)(a - c)$ b) $(x + a)(x - a)$ c) $(x + 3)(x - 3)$ d) $(a + 2)(a - 2)$ e) $(7x + 2y)(7x - 2y)$ f) $(8x + 1)(8x - 1)$ g) $(1 + 5a)(1 - 5a)$ h) $(6a + 11)(6a - 11)$ **99** a) $(x^2 + y^2)(x + y)(x - y)$ b) $(x^2 + 1)(x + 1)(x - 1)$ c) $(x^2 + 25)(x + 5)(x - 5)$ d) $(4x^2 + 9)(2x + 3)(2x - 3)$ **100** a) $(4x + 5)(4x - 5)$ b) $4x(4x - 5)$ c) $9x(4x - y)$ d) $(6x + 5)(6x - 5)$ e) $x^2(36 + 25y^2)$ f) $(7x + 6)(7x - 6)$ g) $(13x + 9)(13x - 9)$ h) $25(4a^2 + 1)$ i) $(14a + 13)(14a - 13)$ j) $(15x + 17)(15x - 17)$ k) $36x(x + 4y)$ l) $(18x + 17y)(18x - 17y)$ **101** a) $5x(x + 3y)(x - 3y)$ b) $5xy(x + 2y)(x - 2y)$ c) $6x^2(2x + 3)(2x - 3)$ d) $4x^2(3x + 5y)(3x - 5y)$ e) $8xy(3x + y)(3x - y)$ f) $9x^2y^2(3x + 4)(3x - 4)$ **102** a) $25x^2(x^2 + 4y^2)$ b) $(10x + 7)(10x - 7)$ c) $18x^3(2x - 3y)$ d) $(6x + 5y)(6x - 5y)$ e) $3x(3x + 7)(3x - 7)$ f) $4x^3(x^2 + 4)(x + 2)(x - 2)$ g) $4x^2y^2(5x + 4)(5x - 4)$ h) $16x^4(4x + 5)(4x - 5)$ i) $4x^4(x^4 + 1)(x^2 + 1)(x + 1)(x - 1)$ j) $16x^2(3x + 2y)(3x - 2y)$

107 Fatorar as expressões.

a) $a^2 - a + \dfrac{1}{4} =$

b) $x^2 - 3x + \dfrac{9}{4} =$

c) $a^2 + 2 + \dfrac{1}{a^2} =$

d) $a^2 - 2 + \dfrac{1}{a^2} =$

e) $x^2 + y^2 + 2xy =$

f) $x^2 + 4y^2 - 4xy =$

g) $9x^2 + 16y^2 + 24xy =$

h) $25x^2 + 16 - 40x =$

i) $42x + 9 + 49x^2 =$

j) $-70xy + 25x^2 + 49y^2 =$

k) $x^2 + \dfrac{1}{4} + x =$

l) $x^2 + \dfrac{25}{4} + 5x =$

108 Fatorar as expressões.

a) $x^3 + 2x^2y + xy^2 =$

b) $x^3y - 2x^2y^2 + xy^3 =$

c) $x^3 + 8x^2y + 16xy^2 =$

d) $36x^4y - 48x^3y^2 + 16x^2y^3 =$

e) $16x^4 - 72x^2 + 81 =$

f) $625x^4 + 256 - 800x^2 =$

109 Fatorar as expressões.

a) $2x^2 + 2xy + 6x =$

b) $49x^2 - 81y^4 =$

c) $6x^3 + 3x^2 + 3xy^2 =$

d) $49x^2 - 28xy + 4y^2 =$

e) $121x^2 - 289 =$

f) $15x^4y + 6x^2y^2 =$

g) $16x^2 + 25y^2 - 40xy =$

h) $12x^4 + 6x^3 + 9x^2 =$

i) $225x^2 - 16y^2 =$

j) $25x^2 + 81y^2 - 90xy =$

k) $36x^3y^2 - 64x^2y^3 =$

l) $15x^3 - 9x^2y - 12x^2 =$

m) $16x^4 + 12x^3 + 4x^2 =$

n) $16x^4 + 24x^2 + 9 =$

110 Simplificar as seguintes frações:

a) $\dfrac{x^2 + xy}{x^2 + 2xy + y^2}$

b) $\dfrac{x^2 - 2xy + y^2}{x^2 - y^2}$

c) $\dfrac{4x^2 - 12xy + 9y^2}{8x^2y - 12xy^2}$

d) $\dfrac{9x^2 - 49y^2}{9x^2 - 42xy + 49y^2}$

e) $\dfrac{8x^2 - 12x}{12x^3 + 18x^2}$

f) $\dfrac{25x^2 + 80xy + 64y^2}{25x^2 - 64y^2}$

g) $\dfrac{4x^5y - 16x^3y^3}{6x^4y^2 - 24x^3y^3 + 24x^2y^4}$

h) $\dfrac{24x^4y^3 + 72x^3y^3 + 54x^2y^3}{48x^4y^3 - 108x^2y^3}$

111 Resolver as seguintes equações:

a) $x^2 - 10x + 25 = 0$

b) $9x^4 + 30x^3 + 25x^2 = 0$

c) $16x^4 - 72x^2 + 81 = 0$

Resp: **103** a) $\dfrac{x}{x-y}$ b) $\dfrac{x+y}{y}$ c) $\dfrac{2x}{x+2}$ d) $\dfrac{y}{2(2x-3)}$ e) $\dfrac{2x(x+3)}{3y}$ f) $\dfrac{4x}{7y(y+1)}$

104 a) {− 3, 3} b) {− 5, 5} c) $\left\{-\dfrac{7}{4}, \dfrac{7}{4}\right\}$ d) {− 6, 0,6} e) $\left\{-\dfrac{1}{2}, 0, \dfrac{1}{2}\right\}$ f) $\left\{-\dfrac{3}{2}, 0, \dfrac{3}{2}\right\}$

g) $\left\{-\dfrac{9}{2}, 0, \dfrac{9}{2}\right\}$ h) $\left\{-\dfrac{2}{5}, 0, \dfrac{2}{5}\right\}$ i) $\left\{-\dfrac{2}{3}, 0, \dfrac{2}{3}\right\}$ **105** a) $(m+n)^2$ b) $(a-x)^2$ c) $(x+1)^2$ d) $(x-1)^2$

e) $(x-5)^2$ f) $(x+7)^2$ g) $(a+3)^2$ h) $(a-6)^2$ i) $(3x-1)^2$ j) $(2x+3)^2$ k) $(3x+2y)^2$

l) $(2x-5y)^2$ m) $(7x-3y)^2$ n) $(2x+9y)^2$ **106** a) $(3x+2a)(3x-2a)$ b) $9x(x-2)$ c) $(3x-2a)^2$

d) $(3x+y)^2$ e) $25x(x+3y)$ f) $(5x+7a)(5x-7a)$ g) $(5x+7)^2$ h) $(11-ax)^2 = (ax-11)^2$ i) $(12x+13)(12x-13)$

j) $(12x-5)^2$ k) $36y(x-4y)$ l) $\left(x+\dfrac{1}{2}\right)^2$

Fatoração

4° caso: **Trinômio do tipo $x^2 + Sx + P$**

Neste caso usamos o produto de dois binômios e a propriedade simétrica da igualdade.

$$(x + a)(x + b) = x^2 + (a + b)x + ab \Leftrightarrow x^2 + (a + b)x + ab = (x + a)(x + b)$$

Exemplos:

1) $x^2 + 7x + 10 = (x + 2)(x + 5)$

$\begin{cases} S = 7 = 2 + 5 \\ P = 10 = 2 \cdot 5 \end{cases}$

2) $x^2 - 8x + 15 = (x - 3)(x - 5)$

$\begin{cases} S = -8 = -3 - 5 \\ P = 15 = (-3)(-5) \end{cases}$

3) $x^2 - 5x - 14 = (x - 7)(x + 2)$

$\begin{cases} S = -5 = 2 - 7 \\ P = -14 = 2(-7) \end{cases}$

4) $x^2 + 5x - 14 = (x + 7)(x - 2)$

$\begin{cases} S = 5 = -2 + 7 \\ P = -14 = (-2)(7) \end{cases}$

112 Fatorar os seguintes trinômios:

a) $x^2 + 7x + 12 =$

b) $x^2 - 8x + 12 =$

c) $x^2 + 9x + 20 =$

d) $x^2 - 9x + 18 =$

e) $x^2 + 9x + 14 =$

f) $x^2 - 9x + 14 =$

g) $x^2 - 10x + 16 =$

h) $x^2 + 10x + 16 =$

i) $x^2 - 10x + 21 =$

j) $x^2 + 10x + 24 =$

k) $x^2 + 10x + 25 =$

l) $x^2 - 10x + 9 =$

m) $x^2 + 9x + 8 =$

n) $x^2 - 7x + 6 =$

113 Fatorar os seguintes trinômios:

a) $x^2 - 2x - 15 =$

b) $x^2 + 2x - 15 =$

c) $x^2 - 5x - 24 =$

d) $x^2 + 5x - 24 =$

e) $x^2 + 3x - 10 =$

f) $x^2 - 3x - 10 =$

g) $x^2 - 4x - 12 =$

h) $x^2 + 4x - 12 =$

i) $a^2 + 4a - 21 =$

j) $a^2 - 4a - 32 =$

k) $y^2 - 3y - 28 =$

l) $y^2 + 3y - 40 =$

m) $n^2 + 2n - 35 =$

n) $n^2 - 2n - 48 =$

114 Fatorar as expressões:

a) $x^2 + 17x + 52 =$

b) $x^2 + 7x - 18 =$

c) $x^2 - 9x + 20 =$

d) $x^2 - 9x - 22 =$

e) $x^2 + 11x - 26 =$

f) $x^2 + 11x + 18 =$

g) $x^2 - 11x - 26 =$

h) $x^2 - 11x + 28 =$

i) $x^2 - 5x - 36 =$

j) $x^2 - 12x + 20 =$

k) $a^2 + 6a - 40 =$

l) $y^2 - 6y - 55 =$

m) $y^2 - 13y + 36 =$

n) $a^2 - 13a - 30 =$

115 Fatorar:

a) $x^2 + x - 12 =$

b) $x^2 - x - 20 =$

c) $a^2 + a - 20 =$

d) $y^2 + y - 30 =$

e) $n^2 + n - 6 =$

f) $x^2 - x - 42 =$

g) $y^2 - y - 56 =$

h) $a^2 - a - 72 =$

i) $x^2 + x - 90 =$

j) $x^2 + x - 2 =$

116 Fatorar as expressões:

a) $x^2 - 7x + 6 =$

b) $x^2 - 7x - 8 =$

c) $a^2 + 4a - 5 =$

d) $a^2 + 4a + 3 =$

e) $n^2 - 10n - 11 =$

f) $y^2 - 10y + 9 =$

g) $a^2 + 5a - 6 =$

h) $n^2 - 8n - 9 =$

i) $x^2 + 6x + 5 =$

j) $x^2 + 12x - 13 =$

k) $x^2 - 2x - 3 =$

l) $x^2 - 3x + 2 =$

Resp: **107** a) $\left(a - \frac{1}{2}\right)^2$ b) $\left(x - \frac{3}{2}\right)^2$ c) $\left(a + \frac{1}{a}\right)^2$ d) $\left(a - \frac{1}{a}\right)^2$ e) $(x + y)^2$ f) $(x - 2y)^2$ g) $(3x + 4y)^2$ h) $(5x - 4)^2$ i) $(7x + 3)^2$ j) $(5x - 7y)^2$ k) $\left(x + \frac{1}{2}\right)^2$ l) $\left(x + \frac{5}{2}\right)^2$

108 a) $x(x + y)^2$ b) $xy(x - y)^2$ c) $x(x + 4y)^2$ d) $4x^2y(3x - 2y)^2$ e) $(2x + 3)^2(2x - 3)^2$ f) $(5x + 4)^2(5x - 4)^2$

109 a) $2x(x + y + 3)$ b) $(7x + 9y^2)(7x - 9y^2)$ c) $3x(2x^2 + x + y^2)$ d) $(7x - 2y)^2$ e) $(11x + 17)(11x - 17)$ f) $3x^2y(5x^2 + 2y)$ g) $(4x - 5y)^2$ h) $3x^2(4x^2 + 2x + 3)$ i) $(15x + 4y)(15x - 4y)$ j) $(5x - 9y)^2$ k) $4x^2y^2(9x - 16y)$ l) $3x^2(5x - 3y - 4)$ m) $4x^2(4x^2 + 3x + 1)$ n) $(4x^2 + 3)^2$

110 a) $\frac{x}{x + y}$ b) $\frac{x - y}{x + y}$ c) $\frac{2x - 3y}{4xy}$ d) $\frac{3x + 7y}{3x - 7y}$ e) $\frac{2(2x - 3)}{3x(3x + 3)}$ f) $\frac{5x + 8y}{5x - 8y}$ g) $\frac{2x(x + 2y)}{3y(x - 2y)}$ h) $\frac{2x + 3}{2(2x - 3)}$

111 a) $\{5\}$ b) $\left\{-\frac{5}{3}, 0\right\}$ c) $\left\{-\frac{3}{2}, \frac{3}{2}\right\}$

117 Fatorar as expressões:

a) $x^2 + 7x + 10 =$

b) $x^2 + 7ax + 10a^2 =$

c) $x^2 + 2ax - 35a^2 =$

d) $x^2 + 3ax - 10a^2 =$

e) $x^2 - 3nx - 70n^2 =$

f) $x^2 - 4nx - 60n^2 =$

g) $x^2 - 5xy - 24y^2 =$

h) $x^2 + 6xy - 27y^2 =$

i) $x^2 - 14xy + 48y^2 =$

j) $x^2 - 7xy - 60y^2 =$

k) $27x^2 - 12xy + y^2 =$

l) $42x^2 + 13xy + y^2 =$

m) $a^2 - an - 6n^2 =$

n) $y^2 + ny - 12n^2 =$

118 Fatorar as expressões:

a) $16x^2 - 8xy + 12x =$

b) $x^2 - 25y^2 =$

c) $x^2 - 8x - 20 =$

d) $x^2 - 8xy + 16y^2 =$

e) $x^2 - 3x + 2 =$

f) $x^2 + 26x + 25 =$

g) $4x^2 - 28x + 49 =$

h) $324x^2 - 289 =$

i) $441x^2 - 84x + 4 =$

j) $x^2 - 17x + 16 =$

k) $a^2 - ax - 30x^2 =$

l) $n^2 + ny - 42y^2 =$

119 Fatorar as expressões seguintes:

a) $2x^3 - 8x^2 - 64x$

b) $3x^5 - 15x^3y - 42xy^2$

c) $x^4 - 13x^2 + 36$

d) $3x^5 + 15x^3 - 108x$

e) $4x^3y + 36x^2y^2 - 144xy^3$

f) $6x^5y^2 - 48x^3y^2 - 54xy^2$

g) $4x^2y + 28axy^2 + 48a^2y^3$

h) $3a^4y - 3a^3y^2 - 126a^2y^3$

i) $4x^6 - 148x^4 + 144x^2$

120 Simplificar as seguintes frações:

a) $\dfrac{x^2 - 2x - 24}{x^2 + 10x + 24}$

b) $\dfrac{x^2 - 4x - 21}{x^2 - 9}$

c) $\dfrac{4x^2y - 16xy}{x^2 + 5x - 36}$

d) $\dfrac{x^2 - x - 72}{x^2 + 3x - 108}$

e) $\dfrac{x^2 - 14x + 48}{x^2 - x - 30}$

f) $\dfrac{x^2 - 49}{x^2 - 2x - 63}$

g) $\dfrac{x^2 + 3x - 54}{x^2 - 12x + 36}$

h) $\dfrac{x^2 - 8xy - 9y^2}{x^2 - 10xy + 9y^2}$

i) $\dfrac{3x^2y - 15xy^2}{x^2 + 4xy - 45y^2}$

j) $\dfrac{3x^3 - 3x^2y - 36xy^2}{4x^3 - 36x^2y - 144xy^2}$

k) $\dfrac{6x^3 + 6x^2y - 336xy^2}{3x^3 - 9x^2y - 84xy^2}$

l) $\dfrac{10x^2y - 20xy^2 - 150y^3}{5x^3y - 85x^2y^2 + 300xy^3}$

Resp: **112** a) (x + 3)(x + 4) b) (x − 2)(x −6) c) (x + 4)(x + 5) d) (x − 3)(x −6) e) (x + 2)(x + 7) f) (x − 2)(x −7) g) (x − 2)(x − 8)
h) (x + 2)(x + 8) i) (x − 3)(x − 7) j) (x + 4)(x + 6) k) (x + 5)(x + 5) l) (x − 1)(x − 9) m) (x + 1)(x + 8) n) (x − 1)(x − 6)

113 a) (x − 5)(x + 3) b) (x + 5)(x − 3) c) (x − 8)(x + 3) d) (x + 8)(x − 3) e) (x + 5)(x − 2) f) (x − 5)(x + 2) g) (x −6)(x + 2)
h) (x + 6)(x − 2) i) (a + 7)(a −3) j) (a − 8)(a + 4) k) (y − 7)(y + 4) l) (y + 8)(y − 5) m) (n + 7)(n − 5) n) (n − 8)(n + 6)

114 a) (x + 13)(x + 4) b) (x + 9)(x − 2) c) (x − 4)(x − 5) d) (x − 11)(x + 2) e) (x + 13)(x − 2) f) (x + 2)(x +9) g) (x − 13)(x + 2)
h) (x − 4)(x − 7) i) (x − 9)(x + 4) j) (x − 2)(x −10) k) (a + 10)(a − 4) l) (y − 11)(y + 5) m) (y − 4)(y −9) n) (a − 15)(a + 2)

115 a) (x + 4)(x − 3) b) (x − 5)(x + 4) c) (a + 5)(a − 4) d) (y + 6)(y − 5) e) (n + 3)(n − 2) f) (x − 7)(x + 6) g) (y − 8)(y + 7)
h) (a − 9)(a + 8) i) (x + 10)(x −9) j) (x + 2)(x − 1) **116** a) (x −1)(x −6) b) (x − 8)(x + 1) c) (a + 5)(a −1)
d) (a + 1)(a + 3) e) (n −11)(n + 1) f) (y −1)(y − 9) g) (a + 6)(a − 1) h) (n − 9)(n + 1) i) (x + 1)(x + 5)
j) (x + 13)(x − 1) k) (x − 3)(x + 1) l) (x − 1)(x − 2)

121 Resolver as seguintes equações:

a) $x^2 - 9x + 20 = 0$

b) $x^2 + 3x - 40 = 0$

c) $x^2 - 3x - 40 = 0$

d) $x^2 - 2x - 63 = 0$

e) $x^2 + 6x - 72 = 0$

f) $x^2 - 17x - 84 = 0$

g) $x^2 + 30x - 99 = 0$

h) $x^2 + 36x - 160 = 0$

i) $x^2 + 9x - 52 = 0$

j) $x^2 - 11x - 42 = 0$

k) $x^2 - 20x + 51 = 0$

l) $x^2 + 12x - 64 = 0$

m) $x^2 + 21x + 54 = 0$

n) $x^2 + 6x - 91 = 0$

o) $x^2 - 4x - 117 = 0$

p) $x^2 + x - 110 = 0$

q) $x^2 - 24x - 81 = 0$

r) $x^2 + 10x - 119 = 0$

s) $3x^5 - 15x^3 - 108x = 0$

t) $4x^5 - 80x^3 + 256x = 0$

u) $2x - 6x^2 - 56x^3 = 0$

v) $4x - 20x^3 - 144x^5 = 0$

Fatoração

5º caso: Agrupamento

Neste caso agrupamos os termos de forma conveniente e em cada grupo fatoramos conforme o caso, em geral obtém-se um fator comum para por em evidência.

$$\alpha(x+y) = x\alpha + y\alpha \iff x\alpha + y\alpha = \alpha(x+y)$$

Exemplos:

1) $2x\underbrace{(a+b)}_{\alpha} - y\underbrace{(a+b)}_{\alpha}$

   $2x\alpha - y\alpha$

   $\alpha(2x - y)$

   $(a+b)(2x - y)$

2) $\underbrace{ax + ay}_{} + \underbrace{bx + by}_{}$

   $a(x+y) + b(x+y)$

   $a(x+y) + b(x+y)$

   $(x+y)(a+b)$

3) $\underbrace{ax - bx}_{} - \underbrace{ay + by}_{}$

   $x(a-b) - y$ (atenção)

   $x(a-b) - y(a-b)$

   $(a-b)(x-y)$

122 Fatorar as expressões:

a) $3a(x-y) - 2b(x-y)$

b) $7x(2a+b) + y(2a+b)$

c) $xa + xb + ya + yb$

d) $ax + ay + cx + cy$

e) $x^2 + xy + ax + ay$

f) $2x^2 + 2xy + ax + ay$

g) $ax - ay + 2x - 2y$

h) $3x^2 - 6xy + 2ax - 4ay$

Resp: 117 a) $(x+2)(x+5)$ b) $(x+2a)(x+5a)$ c) $(x+7a)(x-5a)$ d) $(x+5a)(x-2a)$ e) $(x-10n)(x+7n)$ f) $(x-10n)(x+6n)$
g) $(x-8y)(x+3y)$ h) $(x+9y)(x-3y)$ i) $(x-6y)(x-8y)$ j) $(x-12y)(x+5y)$ k) $(y-3x)(y-9x) = (3x-y)(9x-y)$
l) $(y+6x)(y+7x)$ m) $(a-3n)(a+2n)$ n) $(y+4n)(y-3n)$ **118** a) $4x(4x-2y+3)$ b) $(x+5y)(x-5y)$
c) $(x-10)(x+2)$ d) $(x-4y)^2$ e) $(x-1)(x-2)$ f) $(x+1)(x+25)$ g) $(2x-7)^2$ h) $(18x+17)(18x-17)$
i) $(21x-2)^2$ j) $(x-1)(x-16)$ k) $(a-6x)(a+5x)$ l) $(n+7y)(n-6y)$ **119** a) $2x(x+4)(x-8)$
b) $3x(x^2+2y)(x^2-7y)$ c) $(x+2)(x-2)(x+3)(x-3)$ d) $3x(x+2)(x-2)(x^2+9)$ e) $4xy(x+12y)(x-3y)$
f) $6xy^2(x+3)(x-3)(x^2+1)$ g) $4y(x+4ay)(x+3ay)$ h) $3a^2y(a-7y)(a+6y)$ i) $4x^2(x+1)(x-1)(x+6)(x-6)$
120 a) $\dfrac{x-6}{x+6}$ b) $\dfrac{x-7}{x-3}$ c) $\dfrac{4xy}{x+9}$ d) $\dfrac{x+8}{x+12}$ e) $\dfrac{x-8}{x+5}$ f) $\dfrac{x-7}{x-9}$ g) $\dfrac{x+9}{x-6}$
h) $\dfrac{x+y}{x-y}$ i) $\dfrac{3xy}{x+9y}$ j) $\dfrac{3(x-4y)}{4(x-12y)}$ k) $\dfrac{2(x+8y)}{x+4y}$ l) $\dfrac{2(x+3y)}{x(x-12y)}$

123 Fatorar as seguintes expressões:

a) $ax + ay - bx - by$

b) $xa + xb - 3a - 3b$

c) $x^2 + 2xy - 3ax - 6ay$

d) $x^2 - 2ax - 7x + 14a$

e) $6x^2 - 2xy - 9ax + 3ay$

f) $12x^2 - 8xy - 9xy^2 + 6y^3$

g) $xa + xb + 2a + 2b$

h) $xa + xb + a + b$

i) $x^3 + x^2 + x + 1$

j) $5x^2 + 10ax + x + 2a$

k) $xa + x - a - 1$

l) $x^2 - xy - x + y$

m) $ax + by + ay + bx$

n) $4x^2 + 9y - 6x - 6xy$

o) $x^3 + 3ay - x^2y - 3ax$

p) $9xy + 8ay - 12y^2 - 6ax$

124 Fatorar as expressões:

a) $x^2 - 2x - xy + 2y - xz + 2z$

b) $8x^2 - 12x - 4xy + 6y + 6ax - 9a$

c) $6x^2 - 4xy + 6x - 9ax + 6ay - 9a$

d) $5a^2 - 10ab - 10a - 3ax + 6bx + 6x$

e) $18x^3 - 6x^2y - 27ax^2 + 9axy$

f) $24x^2y^2 - 12axy^2 - 32x^3y + 16ax^2y$

g) $x^3 + x^2y - 4x - 4y$

h) $x^4 - x^2y^2 - 9x^2 + 9y^2$

i) $x^3 - x^2 - x + 1$

j) $2ax^2 - 10axy - 28ay^2 - 3x^2 + 12xy + 36y^2$

k) $2ax - 4ay - 3x^2 + 12y^2$

l) $2x^3 + 12x^2y + 18xy^2 - 18a^2x$

Resp: **121** a) V = {4 , 5} b) S = {– 8 , 5} c) {– 5 , 8} d) {– 7 , 9} e) {– 12 , 6} f) {– 4 , 21 } g) {– 33 , 3}
h) {– 40 , 4} i) {– 13 , 4} j) {– 3 , 14} k) {3 , 17} l) {– 16 , 4} m) {– 18 , – 3} n) {7 , – 13}
o) {– 9 , 13} p) {– 11 , 10} q) {27 , – 3} r) {– 17 , 7} s) {– 3 , 0 , 3} t) {– 4 , – 2 , 0 , 2 , 4}
u) $\left\{-\frac{1}{4}, 0, \frac{1}{7}\right\}$ v) $\left\{-\frac{1}{3}, 0, \frac{1}{3}\right\}$ **122** a) $(x - y)(3a - 2b)$ b) $(2a + b)(7x + y)$ c) $(a + b)(x + y)$
d) $(x + y)(a + c)$ e) $(x + y)(x + a)$ f) $(x + y)(2x + a)$ g) $(x - y)(a + 2)$ h) $(x - 2y)(3x + 2a)$

125 Simplificar as seguintes frações:

a) $\dfrac{4x^2 - 12xy + 9y^2}{4x^2 - 6xy - 6x + 9y}$

b) $\dfrac{9x^2 + 15xy - 24x - 40y}{9x^2 - 25y^2}$

c) $\dfrac{x^3 - 9x^2y + x - 9y}{x^2 - 2xy - 63y^2}$

d) $\dfrac{4x^3 - 6xy - 8x}{4x^3 - 6xy - 8x - 2x^2 + 3y + 4}$

e) $\dfrac{x^2 - 2xy + y^2 - z^2}{2x^2 - 2xy + 2xz - 3x + 3y - 3z}$

f) $\dfrac{x^3 - 2x^2y - 9xy^2 + 18y^3}{2x^4 + 2x^3y - 12x^2y^2}$

g) $\dfrac{x^3 - 2x^2 - 9x + 18}{2x^3 + 2x^2 - 12x - x^2y - xy + 6y}$

h) $\dfrac{8x^4 - 12x^3 - 32x^2y^2 + 48xy^2}{4x^3y - 6x^2y + 8x^2y^2 - 12xy^2}$

126 Resolver as seguintes equações:

a) $x^3 - 2x^2 - 9x + 18 = 0$

b) $x^3 + x^2 - x - 1 = 0$

c) $2x^3 - 9x^2 - 8x + 36 = 0$

d) $12x^3 - 20x^2 - 27x + 45 = 0$

e) $x^4 - 3x^3 + x^2 - 3x = 0$

f) $4x^4 - 20x^3 + 9x^2 - 45x = 0$

g) $4x^6 - 4x^5 + x^4 + 4x^2 - 4x + 1 = 0$

h) $x^6 - 9x^5 - 52x^4 - x^2 + 9x + 52 = 0$

i) $x^7 - x^6 - 9x^5 + 9x^4 - 16x^3 + 16x^2 + 144x - 144 = 0$

Resp: **123** a) $(x+y)(a-b)$ b) $(a+b)(x-3)$ c) $(x+2y)(x-3a)$ d) $(x-2a)(x-7)$ e) $(3x-y)(2x-3a)$ f) $(3x-2y)(4x-3y^2)$
g) $(a+b)(x+2)$ h) $(a+b)(x+1)$ i) $(x+1)(x^2+1)$ j) $(x+2a)(5x+1)$ k) $(a+1)(x-1)$ l) $(x-y)(x-1)$
m) $(x+y)(a+b)$ n) $(2x-3)(2x-3y)$ o) $(x-y)(x^2-3a)$ p) $(3x-4y)(3y-2a)$

124 a) $(x-2)(x-y-z)$ b) $(2x-3)(4x-2y+3a)$ c) $(3x-2y+3)(2x-3a)$ d) $(a-2b-2)(5a-3x)$ e) $3x(3x-y)(2x-3a)$
f) $4xy(2x-a)(3y-4x)$ g) $(x+2)(x-2)(x+y)$ h) $(x+y)(x-y)(x+3)(x-3)$ i) $(x+1)(x-1)^2$
j) $(x+2y)(2ax-14ay-3x+18y)$ k) $(x-2y)(2a-3x-6y)$ l) $2x(x+3y+3a)(x+3y-3a)$

79

Fatoração

6º caso: Soma de cubos e diferença de cubos

Neste caso usamos os produtos notáveis de binômio por trinômio que dão a soma ou diferença de cubos e a propriedade simétrica da igualdade.

$$(a+b)(a^2-ab+b^2)=a^3+b^3 \iff a^3+b^3=(a+b)(a^2-ab+b^2)$$
$$(a-b)(a^2+ab+b^2)=a^3-b^3 \iff a^3-b^3=(a-b)(a^2+ab+b^2)$$

Exemplos:

1) $a^3 + 8 = (a+2)(a^2-2a+4)$

2) $x^3 - 27 = (x-3)(x^2+3x+9)$

3) $a^6 + b^3 = (a^2+b)(a^4-a^2b+b^2)$

4) $8x^3 - 27 = (2x-3)(4x^2+6x+9)$

127 Fatorar as seguintes expressões:

a) $x^3 + y^3 =$

b) $x^3 - y^3 =$

c) $x^3 + n^3 =$

d) $a^3 - x^3 =$

e) $x^3 - 64 =$

f) $a^2 + 27 =$

g) $8a^3 - 27 =$

h) $27x^3 - 1 =$

i) $125 - x^3 =$

j) $a^3 + 216 =$

128 Fatorar as seguintes expressões:

a) $2x^5 + 2x^2y^3 =$

b) $3x^4y^2 - 24xy^5 =$

c) $81x^4 + 24x =$

d) $2x^4y - 128xy^4 =$

e) $250y - 16y^4 =$

f) $1000x^5y + 728x^2y^4 =$

129 Fatorar as expressões:

a) $x^6 - y^6 =$

b) $x^6 - 64y^6 =$

c) $a^6 - 729 =$

d) $3x^7 - 192x =$

130 Fatorar as expressões:

a) $64x^6 - 16x^3y^3 + y^6 =$

b) $x^6 + 54x^3 + 729 =$

c) $x^6 - 7x^3 + 8 =$

d) $2x^4 - x^3y - 2xy^3 + y^4 =$

e) $a^3x^3 + a^3y^3 - 8x^3 - 8y^3 =$

Resp: **125** a) $\dfrac{2x-3y}{2x-3}$ b) $\dfrac{3x-8}{3x-5y}$ c) $\dfrac{x^2+1}{x+7y}$ d) $\dfrac{2x}{2x-1}$ e) $\dfrac{x-y-z}{2x-3}$ f) $\dfrac{x-3y}{2x^2}$ g) $\dfrac{x-3}{2x-y}$ h) $\dfrac{2(x-2y)}{y}$

126 a) $\{-3, 2, 3\}$ b) $\{-1, 1\}$ c) $\left\{-2, 2, \dfrac{9}{2}\right\}$ d) $\left\{-\dfrac{3}{2}, \dfrac{5}{3}, \dfrac{3}{2}\right\}$ e) $\{0, 3\}$ f) $\{0, 5\}$ g) $\left\{\dfrac{1}{2}\right\}$

h) $\{-4, -1, 1, 13\}$ i) $\{-3, -2, 1, 2, 3\}$

131 Simplificar as seguintes frações:

a) $\dfrac{6x^2 - 2xy}{27x^3 - y^3}$

b) $\dfrac{4x^3 - 8x^2 + 16x}{x^3 + 8}$

c) $\dfrac{8x^3 + 27}{4x^2 - 9}$

d) $\dfrac{16x^2 - 8xy + y^2}{64x^3 - y^3}$

e) $\dfrac{x^2 - 4x - 32}{x^3 + 64}$

f) $\dfrac{x^3 + 343y^3}{x^2 + 4xy - 21y^2}$

g) $\dfrac{27x^3 - 8}{3x^2 + 3xy - 2x - 2y}$

h) $\dfrac{x^3 + x^2 + x - x^2y - xy - y}{2x^4 - 2x}$

132 Resolver as seguintes equações:

a) $x^3 - 8 + 3x^2 - 6x = 0$

b) $12x^2 - 18x + 8x^3 - 27 = 0$

c) $x^3 - 6x^2 - 24x + 64 = 0$

d) $x^3 + 21x^2 - 105x - 125 = 0$

Resp: **127** a) $(x + y)(x^2 - xy + y^2)$ b) $(x - y)(x^2 + xy + y^2)$ c) $(x + n)(x^2 - xn + n^2)$ d) $(a - x)(a^2 + ax + x^2)$
e) $(x - 4)(x^2 + 8x + 16)$ f) $(a + 3)(a^2 - 3a + 9)$ g) $(2a + 3)(4a^2 - 6a + 9)$ h) $(3x - 1)(9x^2 + 3x + 1)$
i) $(5 - x)(25 + 5x + x^2)$ j) $(a + 6)(a^2 - 6a + 36)$ **128** a) $2x^2(x + y)(x^2 - xy + y^2)$ b) $3xy^2(x - 2y)(x^2 + 2xy + 4y^2)$
c) $3x(3x + 2)(9x^2 - 6x + 4)$ d) $2xy(x - 4y)(x^2 + 4xy + 16y^2)$ e) $2y(5 - 2y)(25 + 10y + 4y^2)$
f) $8x^2y(5x + 6y)(25x^2 - 30xy + 36y^2)$ **129** a) $(x + y)(x^2 - xy + y^2)(x - y)(x^2 + xy + y^2)$
b) $(x + 2y)(x^2 - 2xy + 4y^2)(x - 2y)(x^2 + 2xy + 4y^2)$ c) $(a + 3)(a^2 - 3a + 9)(a - 3)(a^2 + 3a + 9)$
d) $3x(x + 2)(x^2 - 2x + 4)(x - 2)(x^2 + 2x + 4)$ **130** a) $(2x - y)^2(4x^2 + 2xy + y^2)^2$ b) $(x + 3)^2(x^2 - 3x + 9)^2$
c) $(x - 2)(x^2 + 2x + 4)(x + 1)(x^2 - x + 1)$ d) $(2x - y)(x - y)(x^2 + xy + y^2)$ e) $(x + y)(x^2 - xy + y^2)(a - 2)(a^2 + 2a + 4)$

Fatoração

7º caso: **Polinômio cubo perfeito**

Neste caso usamos os casos de produtos notáveis cubo da soma e cubo da diferença e a propriedade simétrica da igualdade

$$(a+b)^3 = a^3 + 3a^2b + 3ab^2 + b^3 \iff a^3 + 3a^2b + 3ab^2 + b^3 = (a+b)^3$$
$$(a-b)^3 = a^3 - 3a^2b + 3ab^2 - b^3 \iff a^3 - 3a^2b + 3ab^2 - b^3 = (a-b)^3$$

Exemplos:

1) $x^3 + 6x^2y + 12xy^2 + 8y^3 = (x+2y)^3$

2) $x^3 - 12x^2 + 48x - 64 = (x-4)^3$

133 Fatorar as expressões:

a) $x^3 + 3x^2n + 3xn^2 + n^3$

b) $x^3 - 3x^2a + 3xa^2 - a^3$

c) $27a^3 - 54a^2 + 36a - 8$

d) $8x^3 + 60x^2 + 150x + 125$

e) $27a^3 + 27a^2 + 9a + 1$

f) $8x^3 - 36x^2 + 54x - 27$

g) $x^3 - 3x^2 + 3x - 1$

h) $a^3 + 6a^2 + 12a + 8$

i) $x^3 - 9x^2 + 27x - 27$

j) $y^3 + 12y^2 + 48y + 64$

134 Fatorar as expressões:

a) $24x^5y - 36x^4y^2 + 18x^3y^3 - 3x^2y^4$

b) $54x^4y^2 + 108x^3y^3 + 72x^2y^4 + 16xy^5$

c) $24a^5 + 180a^4 + 450a^3 + 375a^2$

d) $2x^6 - 42x^5 + 294x^4 - 686x^3$

135 Fatorar as seguintes expressões:

a) $x^6 - 12x^4 + 48x^2 - 64$

b) $x^6 - 27x^4 + 243x^2 - 729$

c) $x^9 + 24x^6 + 192x^3 + 512$

d) $x^{12} - 3x^8 + 3x^4 - 1$

e) $3x^{11}y - 9x^8y^4 + 9x^5y^7 - 3x^2y^{10}$

f) $8x^{12} + 24x^9 + 24x^6 + 8x^3$

136 Fatorar as expressões:

a) $x^3 - 3x + \dfrac{3}{x} - \dfrac{1}{x^3}$

b) $x^3 + x^2y + \dfrac{1}{3}xy^2 + \dfrac{y^3}{27}$

c) $27x^3 + 18x^2y + 4xy^2 + \dfrac{8}{27}y^3$

d) $\dfrac{1}{125}x^3 - \dfrac{6}{25}x^2y + \dfrac{12}{5}xy^2 - 8y^3$

e) $\dfrac{a^3}{64} - \dfrac{9a^2}{16} + \dfrac{27a}{4} - 27$

f) $x^3 + \dfrac{ax^2}{2} + \dfrac{a^2x}{12} + \dfrac{a^3}{216}$

g) $27x^3 + a^3 + 27ax^2 + 9a^2x$

h) $-135x^2y + 225xy^2 + 27x^3 - 125y^3$

Resp: **131** a) $\dfrac{2x}{9x^2 + 3xy + y^2}$ b) $\dfrac{4x}{x+2}$ c) $\dfrac{4x^2 - 6x + 9}{2x - 3}$ d) $\dfrac{4x - y}{16x^2 + 4xy + y^2}$ e) $\dfrac{x - 8}{x^2 - 4x + 16}$ f) $\dfrac{x^2 - 7xy + 49y^2}{x - 3y}$

g) $\dfrac{9x^2 + 6x + 4}{x + y}$ h) $\dfrac{x - y}{2x(x - 1)}$ **132** a) $\{-4; -1; 2\}$ b) $\left\{-\dfrac{3}{2}; \dfrac{3}{2}\right\}$ c) $\{-4; 2; 8\}$ d) $\{-25; -1; 5\}$

137 Resolver as seguintes equações:

a) $x^3 - 6x^2 + 12x - 8 = 0$

b) $8x^3 - 36x^2 + 54x - 27 = 0$

c) $3x^4 - 36x^3 + 144x^2 - 192x = 0$

d) $27x^4 + 135x^3 + 225x^2 + 125x = 0$

e) $x^6 - 12x^4 + 48x^2 - 64 = 0$

f) $x^6 - 3x^4 + 3x^2 - 1 = 0$

g) $x^5[(x-2)(x-4)+4] - x^2[2(2x-1)(2x+3)-7x] = 4(3x-2)$

138 Simplificar as seguintes frações:

a) $\dfrac{9x^2y - 6xy}{27x^3 - 54x^2 + 36x - 8}$

b) $\dfrac{4x^2 + 12x + 9}{8x^3 + 36x^2 + 54x + 27}$

c) $\dfrac{27x^3 - 27x^2 + 9x - 1}{9x^2 - 1}$

d) $\dfrac{x^3 + 15x^2 + 75x + 125}{x^2 - 4x - 45}$

e) $\dfrac{x^3 - 8}{x^3 - 6x^2 + 12x - 8}$

f) $\dfrac{27x^3 + 54x^2 + 36x + 8}{27x^3 + 8}$

g) $\dfrac{24x^4y - 108x^3y^2 + 162x^2y^3 - 81xy^4}{4x^3 - 12x^2y + 9xy^2 + 4ax^2 - 12axy + 9ay^2}$

h) $\dfrac{18x^3 + 48x^2 + 32x - 9ax^2 - 24ax - 16a}{54x^4 + 216x^3 + 288x^2 + 128x}$

Resp: **133** a) $(x+n)^3$ b) $(x-a)^3$ c) $(3a-2)^3$ d) $(2x+5)^3$ e) $(3a+1)^3$ f) $(2x-3)^3$ g) $(x-1)^3$ h) $(a+2)^3$ i) $(x-3)^3$ j) $(y+4)^3$

134 a) $3x^2y(2x-y)^3$ b) $2xy^2(3x+2y)^3$ c) $3a^2(2a+5)^3$ d) $2x^3(x-7)^3$ **135** a) $(x+2)^3(x-2)^3$ b) $(x+3)^3(x-3)^3$

c) $(x+2)^3(x^2-2x+4)^3$ d) $(x^2+1)^3(x+1)^3(x-1)^3$ e) $3x^2y(x-y)^3(x^2+xy+y^2)^3$ f) $8x^3(x+1)^3(x^2-x+1)^3$

136 a) $\left(x-\dfrac{1}{x}\right)^3$ b) $\left(x+\dfrac{y}{3}\right)^3$ c) $\left(3x+\dfrac{2}{3}y\right)^3$ d) $\left(\dfrac{1}{5}x-2y\right)^3$ e) $\left(\dfrac{a}{4}-3\right)^3$ f) $\left(x+\dfrac{a}{6}\right)^3$ g) $(3x+a)^3$ h) $(3x-5y)^3$

139 Fatorar as seguintes expressões

a) $12x^4y^3 + 18x^3y^2 =$

b) $25x^2 - 36 =$

c) $4x^2 + 4xy + y^2 =$

d) $4x^2 - 20xy + 25y^2 =$

e) $x^2 - 9x + 20 =$

f) $x^2 + 14x + 24 =$

g) $x^2 - 9x - 36 =$

h) $8y^3 - 1 =$

i) $8 + 27y^3 =$

j) $25a^2 - 10a + 1 =$

k) $a^3 + 3a^2 + 3a + 1 =$

l) $x^2 + 2x - 80 =$

m) $y^3 - 125 =$

n) $y^3 - 6y^2 + 12y - 8 =$

o) $x^2 - 7ax + 10a^2 =$

p) $x^2 - 2nx - 15n^2 =$

q) $3ax + 2bx + 3ay + 2by =$

r) $6ax - 10ay + 9x - 15y =$

s) $15x^2 - 10xy - 9x + 6y =$

t) $x^3 - xy - x^2 + y =$

140 Fatorar:

a) $4x^4y - 36x^2y^3$

b) $24a^3x - 24a^2x^2 + 6ax^3$

c) $3x^4y - 12x^3y - 36x^2y$

d) $32ax^5 - 4a^4x^2$

141 Fatorar as seguintes expressões:

a) $36ax^4 - 24a^2x^3 + 4a^3x^2$

b) $81a^4 + 162a^3 + 108a^2 + 24a$

c) $3a^2x^4 - 36a^3x^3 + 144a^4x^2 - 192a^5x$

d) $2a^2y^3 - 4a^3y^2 - 70a^4y$

e) $60ax^3 - 24a^2x^2 - 9ax^2y + 36a^2xy$

f) $24x^4y - 12x^3y^2 - 16x^2y^2 + 8xy^3$

g) $3x^6 - 48x^2$

h) $2x^5 - 16x^3 + 32x$

i) $x^9 - 64x^3y^6$

j) $2x^2y^3 - 6xy^3 - 2x^2y^2 + 6xy^2 - 60x^2y + 180xy =$

Resp: **137** a) $\{2\}$ b) $\left\{\dfrac{3}{2}\right\}$ c) $\{0; 4\}$ d) $\left\{-\dfrac{5}{3}, 0\right\}$ e) $\{-2; 2\}$ f) $\{-1; 1\}$ g) $\{-1; 1; 3\}$ **138** a) $\dfrac{3xy}{(3x-2)^2}$ b) $\dfrac{1}{2x+3}$ c) $\dfrac{(3x-1)^2}{3x+1}$ d) $\dfrac{(x+5)^2}{x-9}$ e) $\dfrac{x^2+2x+4}{(x-2)^2}$ f) $\dfrac{(3x+2)^2}{9x^2-6x+4}$ g) $\dfrac{3xy(2x-3y)}{x+a}$ h) $\dfrac{2x-a}{2x(3x+4)}$

142 Fatorar as seguintes expressões:

a) $(x + y)^2 - 1$

b) $x^2 - 2xy + y^2 - 9$

c) $4x^2 - 12xy + 9y^2 - 4z^2$

d) $25 - 9x^2 + 24xy - 16y^2$

e) $9x^2 - 30xy + 25y^2 - 6ax + 10ay$

f) $6x^2y - 14xy - 9x^2 + 42x - 49$

g) $a^2 - c^2 + b^2 - d^2 + 2ab + 2cd$

h) $8x^3 - 12x^2y + 6xy^2 - y^3 - 4ax^2 + 4axy - ay^2$

i) $12ax^2 - 3ay^2 - 20x^2 + 20xy - 5y^2$

143 Simplificar as seguintes frações:

a) $\dfrac{9x^2 - 6x + 1 - 25y^2}{9x^2y + 15xy^2 - 3xy}$

b) $\dfrac{2x^6 - 32x^2y^4}{x^3 - 2x^2y + 4xy^2 - 8y^3}$

c) $\dfrac{9x^2 + 12xy + 4y^2 - 16}{3x^2 + 2xy - 4x + 9ax + 6ay - 12a}$

d) $\dfrac{x^3 + 7x^2 - 21x - 27}{x^3 + ax^2 - 2x^2 - 2ax - 3x - 3a}$

e) $\dfrac{2x^3 - x^2y - 50x - 25y}{4x^3 - 20x^2 - xy^2 + 5y^2}$

Resp: **139** a) $6x^3y^2(2xy + 3)$ b) $(5x + 6)(5x - 6)$ c) $(2x + y)^2$ d) $(2x - 5y)^2$ e) $(x - 4)(x - 5)$ f) $(x + 2)(x + 12)$ g) $(x - 12)(x + 3)$
h) $(2y - 1)(4y^2 + 2y + 1)$ i) $(2 + 3y)(4 - 6y + 9y^2)$ j) $(5a - 1)^2$ k) $(a + 1)^3$ l) $(x + 10)(x - 8)$ m) $(y - 5)(y^2 + 5y + 25)$
n) $(y - 2)^3$ o) $(x - 2a)(x - 5a)$ p) $(x - 5n)(x + 2n)$ q) $(3a + 2b)(x + y)$ r) $(3x - 5y)(2a + 3)$ s) $(3x - 2y)(5x - 3)$
t) $(x^2 - y)(x - 1)$ **140** a) $4x^2y(x + 3y)(x - 3y)$ b) $6ax(2a - x)^2$ c) $3x^2y(x - 6)(x + 2)$ d) $4ax^2(2x - a)(4x^2 + 2ax + a^2)$
141 a) $4ax^2(3x - a)^2$ b) $3a(3a + 2)^3$ c) $3a^2x(x - 4a)^3$ d) $2a^2y(y - 7a)(y + 5a)$ e) $6ax(5x - 2a)(2x - 3y)$
f) $4xy(2x - y)(3x^2 - 2y)$ g) $3x(x^2 + 4)(x + 2)(x - 2)$ h) $2x(x + 2)^2(x - 2)^2$ i) $x^3(x + 2y)(x^2 - 2xy + 4y^2)(x - 2y)(x^2 + 2xy + 4y^2)$
j) $2xy(x - 3)(y - 6)(y + 5)$ **142** a) $(x + y + 1)(x + y - 1)$ b) $(x - y + 3)(x - y - 3)$
c) $(2x - 3y + 2z)(2x - 3y - 2z)$ d) $(5 + 3x - 4y)(5 - 3x + 4y)$ e) $(3x - 5y)(3x - 5y - 2a)$ f) $(3x - 7)(2xy - 3x + 7)$
g) $(a + b + c - d)(a + b - c + d)$ h) $(2x - y)^2(2x - y - a)$ i) $(2x - y)(6ax + 3ay - 10x + 5y)$ **143** a) $\dfrac{3x - 5y - 1}{3xy}$ b) $2x^2(x + 2y)$
c) $\dfrac{3x + 2y + 4}{x + 3a}$ d) $\dfrac{x - 3}{x + a}$ e) $\dfrac{x + 5}{2x + y}$

III TRIÂNGULOS

A) DEFINIÇÃO:

Dados três pontos A, B e C, não colineares, chama-se triângulo ABC (notação $\triangle ABC$), à união dos segmentos $\overline{AB}$, $\overline{AC}$ e $\overline{BC}$.

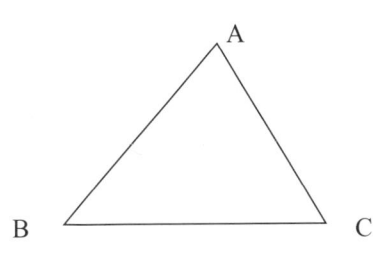

$$\triangle ABC = \overline{AB} \cup \overline{AC} \cup \overline{BC}$$

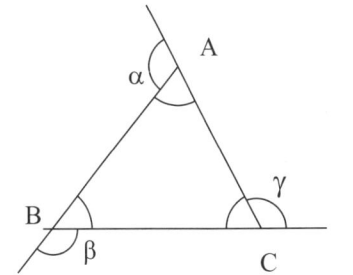

B) ELEMENTOS:

Vértices: são os pontos A, B e C.

Lados: são os segmentos $\overline{AB}$, $\overline{AC}$ e $\overline{BC}$.

Ângulos internos: são os ângulos **BÂC**, **AB̂C** e **AĈB**.

Ângulos externos: são adjacentes e suplementares dos ângulos internos, a saber, α β e γ (alfa, beta e gama, respectivamente).

C) CONGRUÊNCIA DE TRIÂNGULOS.

Observação: no que segue chamaremos de ângulos congruentes aqueles que tenham mesma medida e lados (ou segmentos) congruentes aqueles que tenham mesma medida.

Definição: dois triângulos são congruentes (notação: $\equiv$) se for possível estabelecer uma correspondência entre seus vértices de modo que:

* *ângulos de vértices correspondentes sejam congruentes e*
* *lados determinados por vértices correspondentes sejam congruentes.*

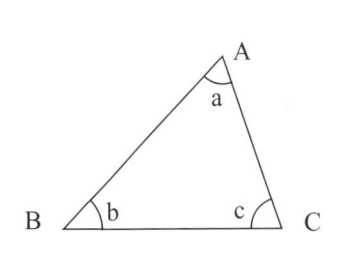

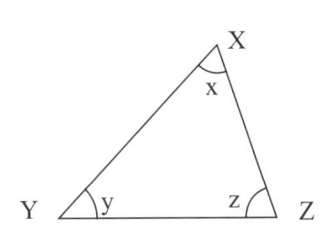

$$\triangle ABC \equiv \triangle XYZ \Rightarrow \begin{cases} AB = XY \\ AC = XZ \\ BC = YZ \\ a = x \\ b = y \\ c = z \end{cases}$$

D) CASOS DE CONGRUÊNCIA

Para verificarmos se dois triângulos são congruentes não é necessário verificar as três congruências entre os ângulos e as três congruências entre os lados, como vistas na definição anterior. Basta verificarmos três delas, convenientemente escolhidas, para decidir se os triângulos são ou não congruentes.

1º caso – LAL: se dois triângulos têm ordenadamente congruentes dois lados e o ângulo compreendido entre esses lados, então os triângulos são semelhantes (isto é, o lado restante e os outros dois ângulos também são ordenadamente congruentes).

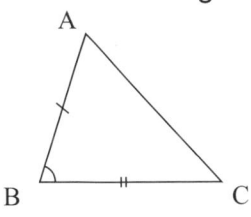

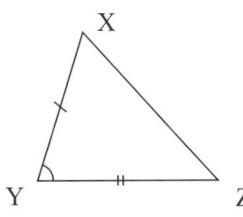

$$\left. \begin{array}{l} AB = XY \\ A\hat{B}C = X\hat{Y}Z \\ BC = YZ \end{array} \right\} \stackrel{LAL}{\Rightarrow} \triangle ABC \equiv \triangle XYZ$$

(Portanto, $\hat{A} = \hat{X}$

$\hat{C} = \hat{Z}$ e $AC = XZ$)

2º caso – ALA: se dois triângulos têm ordenadamente congruentes um lado e os dois ângulos a ele adjacentes, então esses triângulos são congruentes.

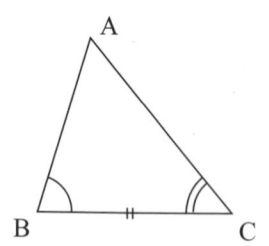

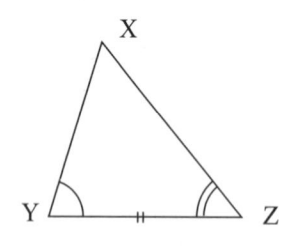

$$\left.\begin{array}{l} \hat{B} = \hat{Y} \\ BC = YZ \\ \hat{C} = \hat{Z} \end{array}\right\} \stackrel{ALA}{\Rightarrow} \triangle ABC \equiv \triangle XYZ$$

3º caso – LLL: se dois triângulos têm ordenadamente congruentes os três lados, então esses triângulos são congruentes.

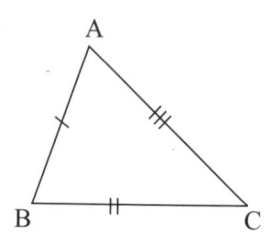

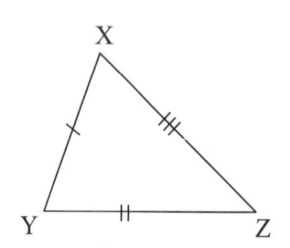

$$\left.\begin{array}{l} AB = XY \\ AC = XZ \\ BC = YZ \end{array}\right\} \stackrel{LLL}{\Rightarrow} \triangle ABC \equiv \triangle XYZ$$

4º caso – LAA_o: se dois triângulos têm ordenadamente congruentes um lado, um ângulo adjacente e o ângulo posto a esse lado, então esses triângulos são congruentes.

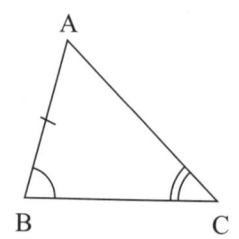

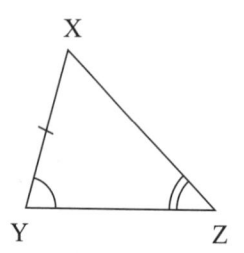

$$\left.\begin{array}{l} AB = XY \\ \hat{B} = \hat{Y} \\ \hat{C} = \hat{Z} \end{array}\right\} \stackrel{LAA_o}{\Rightarrow} \triangle ABC \equiv \triangle XYZ$$

5º caso – Caso especial de congruência de triângulos retângulos: se dois triângulos retângulos têm ordenadamente congruentes um cateto e a hipotenusa, então esses triângulos são congruentes.

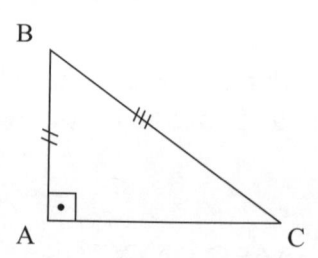

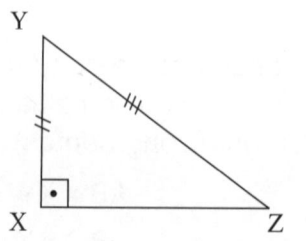

$$\left.\begin{array}{l} AB = XZ \\ BC = YZ \end{array}\right\} \stackrel{cat-hip}{\Rightarrow} \triangle ABC \equiv \triangle XYZ$$

144 Nos triângulos abaixo, os ângulos com marcas iguais têm mesma medida e o mesmo vale para os lados. Responda em cada item se os triângulos são congruentes ou não. Em caso afirmativo, escrever qual o caso de congruência.

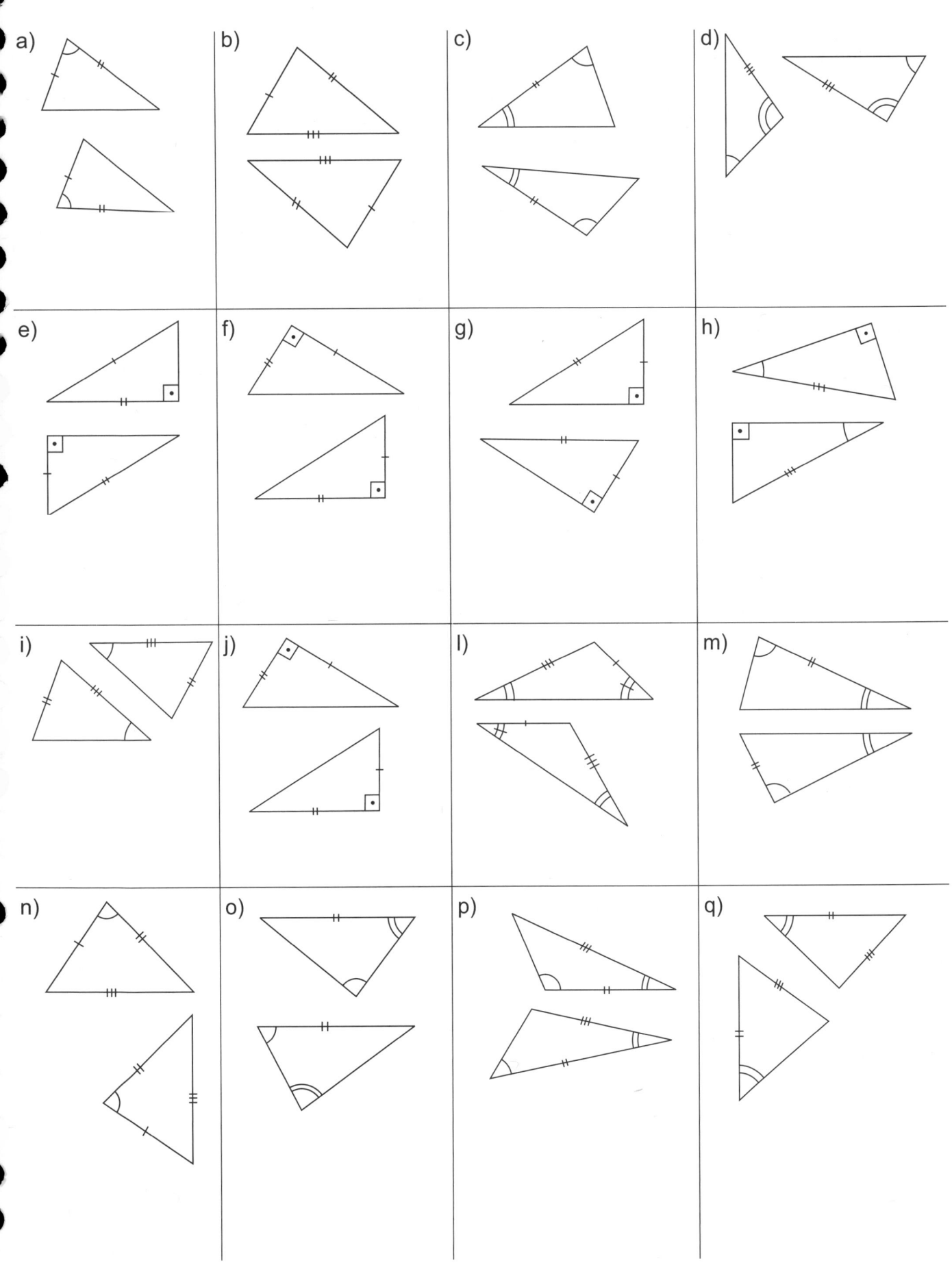

a)

b)

c)

d)

e)

f)

g)

h)

i)

j)

l)

m)

n)

o)

p)

q)

D) CLASSIFICAÇÃO:

Quanto aos ângulos:

acutângulo: todos ângulos internos são agudos.

retângulo: um ângulo interno é de 90°.

obtusângulo: um ângulo interno é obtuso.

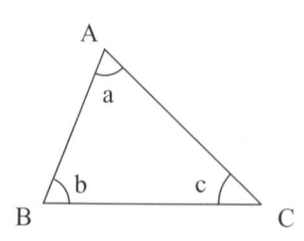

a, b e c são agudos
△ABC é acutângulo

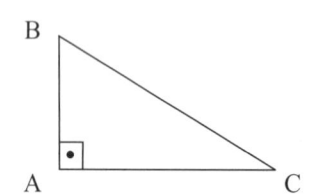

 é reto
△ABC é retângulo
$\overline{AB}$ e $\overline{AC}$: catetos
$\overline{BC}$: hipotenusa

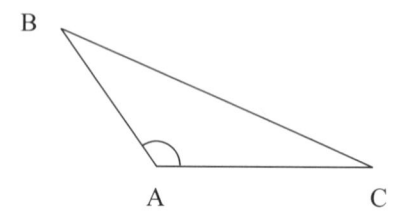

 é obtuso
△ABC é obtusângulo

Quanto aos lados:

isósceles: possui pelo menos dois lados congruentes.

equilátero: possui os três lados congruentes.

escaleno: não tem dois lados congruentes.

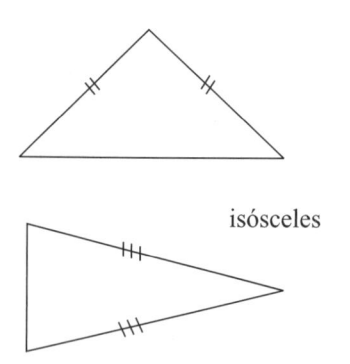

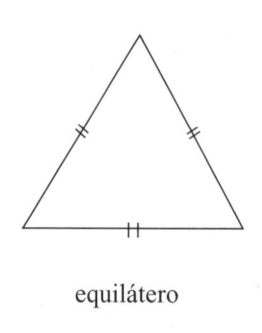

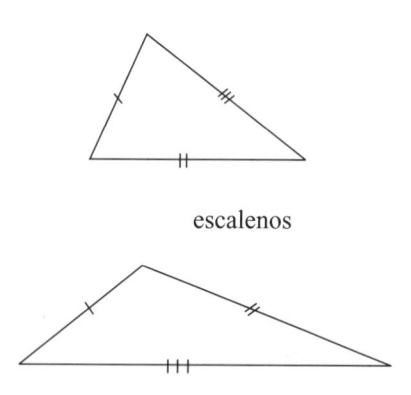

isósceles

equilátero

escalenos

Observação 1: note que, por definição, todo triângulo equilátero é isósceles. O contrário não é, necessariamente, verdade.

Observação 2: no caso de o triângulo ser isósceles não equilátero, o lado diferente dos outros dois é chamado de base e o vértice oposto à ela será chamado o vértice do triângulo isósceles.

Observação 3: no triângulo equilátero qualquer lado é base.

E) Linhas e Pontos Notáveis

Medianas

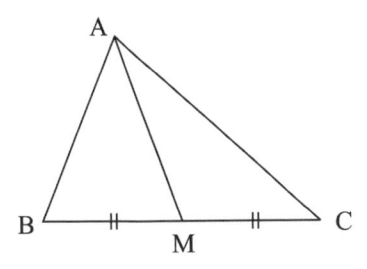

$\overline{AM}$: mediana

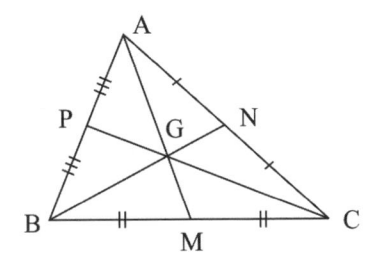

G: baricentro de △ABC

As três **medianas** de um triângulo são concorrentes em um mesmo ponto chamado **baricentro**.

Bissetrizes

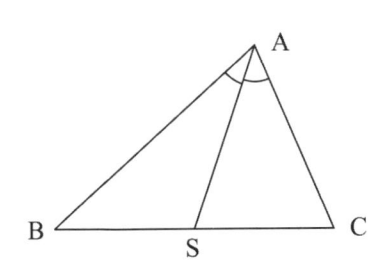

$\overline{AS}$: bissetriz

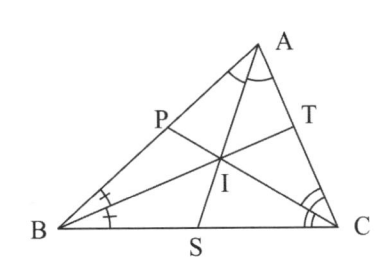

I: Incentro do △ABC

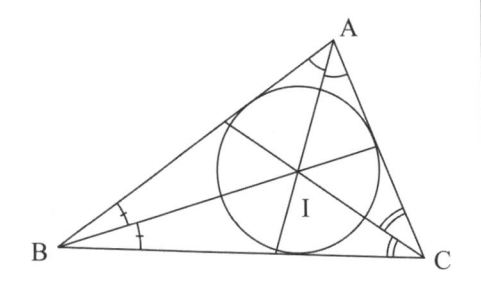

O incentro de um triângulo é o centro da circunferência nele inscrita.

Mediatrizes

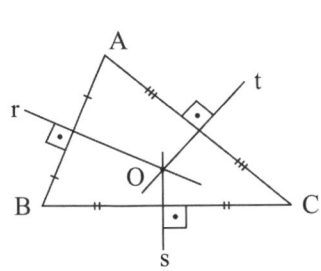

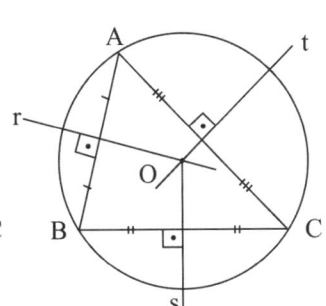

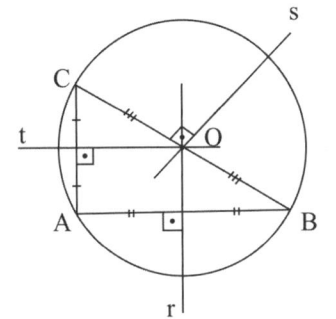

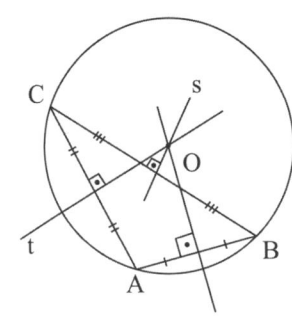

r, s, t: mediatrizes
O: circuncentro

△ABC acutângulo   △ABC retângulo   △ABC obtusângulo

Alturas

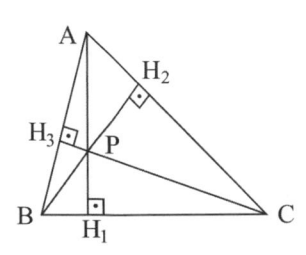

$\overline{AH_1}$, $\overline{BH_2}$, $\overline{CH_3}$: alturas
P: ortocentro
△ABC acutângulo

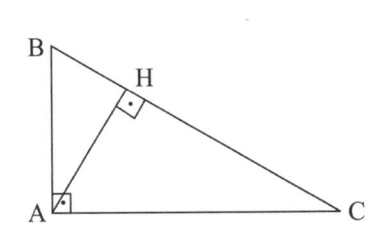

$\overline{AH}$, $\overline{BA}$, $\overline{CA}$: alturas
A: ortocentro
△ABC retângulo

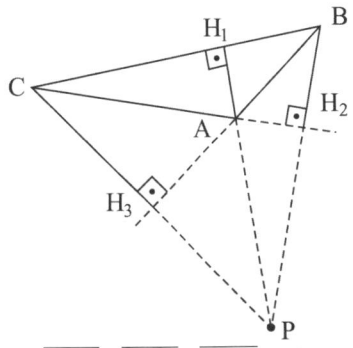

$\overline{AH_1}$, $\overline{BH_2}$, $\overline{CH_3}$: alturas
P: ortocentro
△ABC obtusângulo

F) Teoremas

T1 | A soma dos ângulos internos de um triângulo qualquer é igual a 180°

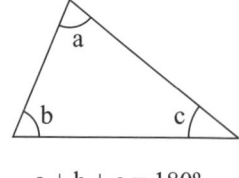

$a + b + c = 180°$

Demonstração: seja s a reta que passa por A paralela à reta que contém os vértices B e C, digamos r. Usando o fato de que os ângulos alternos entre paralelas têm mesma medida temos, no vértice A,

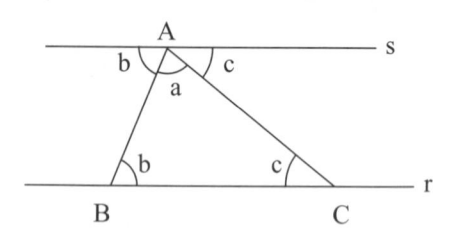

$$a + b + c = 180°$$

T2 | Cada ângulo externo de um triângulo é igual a soma dos dois internos não adjacentes a ele.

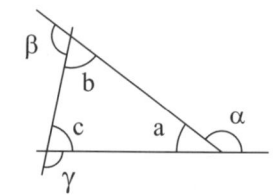

$$\Rightarrow \begin{array}{l} \alpha = b + c \\ \beta = a + c \\ \gamma = a + b \end{array}$$

Demonstração: $\left.\begin{array}{l} \alpha + a = 180° \\ a + b + c = 180° \end{array}\right\} \Rightarrow \alpha + a = a + b + c \Rightarrow \alpha = b + c$

Analogamente obtemos $\beta = a + c$ e $\gamma = a + b$

T3 | Num triângulo isósceles os ângulos da base têm mesma medida.

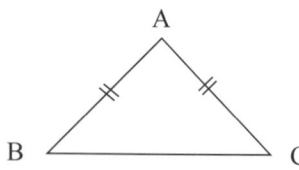

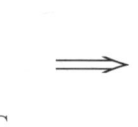

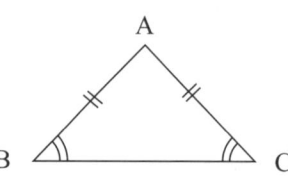

Demonstração:

$\left.\begin{array}{l} AB = AC \\ B\hat{A}C = C\hat{A}B \\ AC = AB \end{array}\right\} \stackrel{LAL}{\Rightarrow} \triangle ABC \equiv \triangle ACB \Rightarrow \hat{B} = \hat{C}$

T4 | Se um triângulo tem dois ângulos com mesma medida, então ele é isósceles.

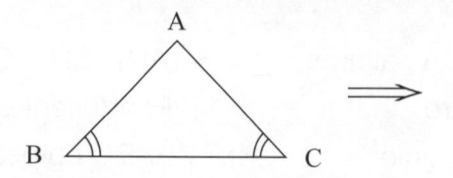

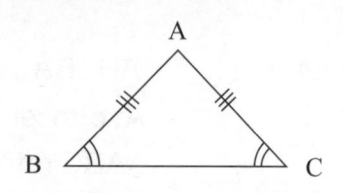

Demonstração:

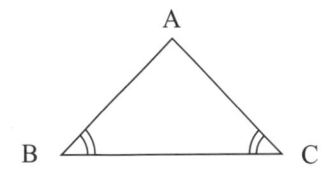

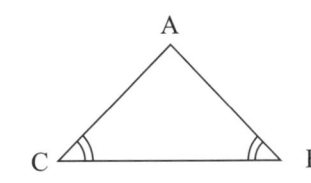

$$\left.\begin{array}{l}\hat{B}=A\hat{C} \\ BC=CB \\ \hat{C}=\hat{B}\end{array}\right\}\overset{ALA}{\Rightarrow}\triangle ABC\equiv\triangle ACB \Rightarrow AB=AC$$

T5 — A altura relativa à base de um triângulo isósceles também é mediana e bissetriz.

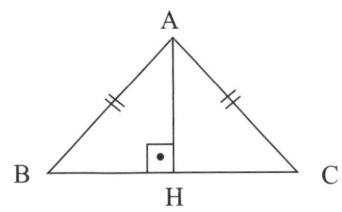

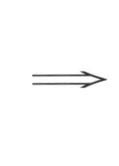

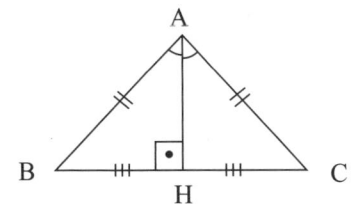

Demonstração:

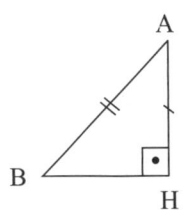

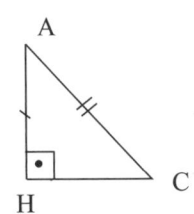

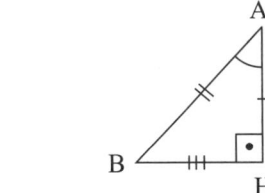

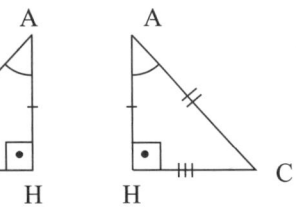

$$\left.\begin{array}{l}AH\text{ é comum}\\ AB=AC\end{array}\right\}\overset{cat-hip}{\Rightarrow}\triangle ABH\equiv\triangle ACH \Rightarrow \begin{cases} B\hat{A}H=C\hat{A}H\ (\therefore \overline{AH}\text{ é bissetriz})\\ BH=CH\ \ \ \ (\therefore \overline{AH}\text{ é mediana})\end{cases}$$

T6 — A mediana relativa à base de um triângulo isósceles também é altura e bissetriz.

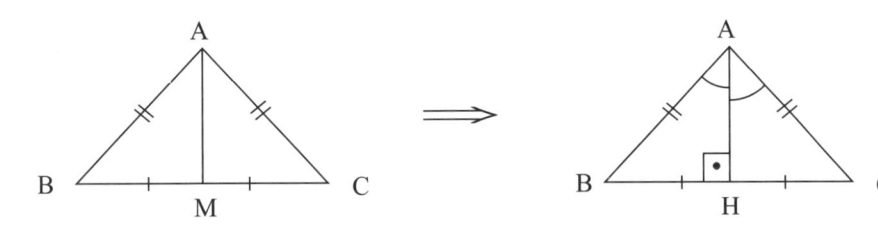

Demonstração:

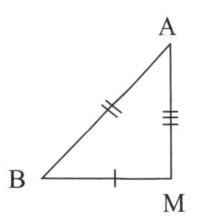

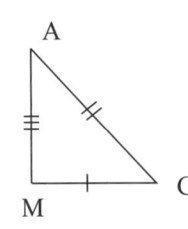

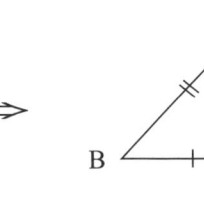

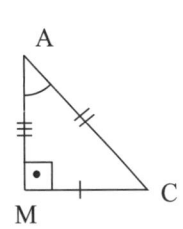

$$\left.\begin{array}{l}\overline{AM}\text{ é comum}\\ AB=AC\\ BM=CM\end{array}\right\}\overset{LLL}{\Rightarrow}\triangle ABM\equiv\triangle ACM \Rightarrow \begin{cases}B\hat{A}M=C\hat{A}M\ (\therefore \overline{AM}\text{ é bissetriz})\\ \left.\begin{array}{l}A\hat{M}B=A\hat{M}C\\ A\hat{M}B+A\hat{M}C=180°\end{array}\right\}\Rightarrow\begin{cases}A\hat{M}B=90°\\ A\hat{M}C=90°\end{cases}(\therefore \overline{AM}\text{ é altura})\end{cases}$$

T7 A bissetriz do ângulo oposto à base de um triângulo isósceles também é altura e mediana.

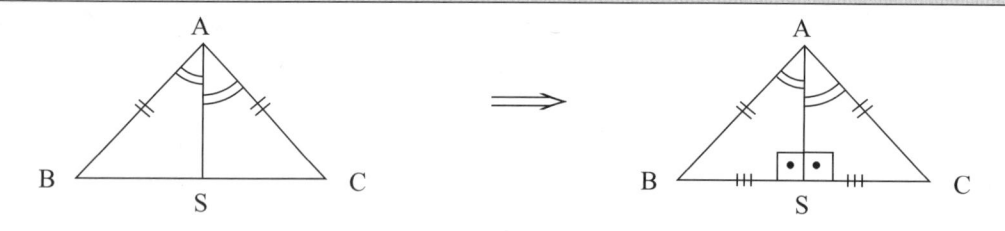

Demonstração:

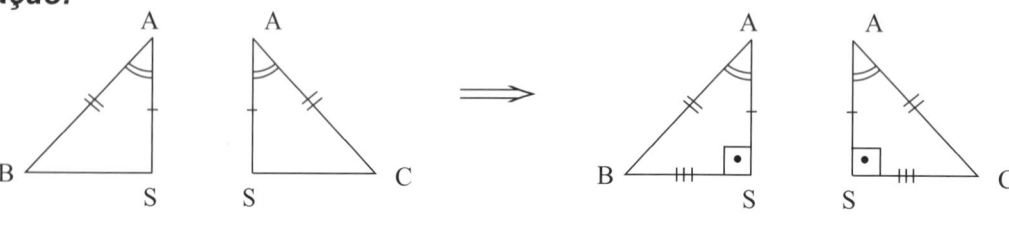

$$\left.\begin{array}{l} AB = AC \\ B\hat{A}S = C\hat{A}S \\ \overline{AS} \text{ é comum} \end{array}\right\} \stackrel{LAL}{\Rightarrow} \triangle ABS \equiv \triangle ACS \Rightarrow \begin{cases} A\hat{S}B = A\hat{S}C = 90° \left(\therefore \overline{AS} \text{ é altura}\right) \\ BS = CS \left(\therefore \overline{AS} \text{ é mediana}\right) \end{cases}$$

Conclusão: num triângulo isósceles, a altura, a mediana e a bissetriz, relativas à base, são coincidentes.

EXERCÍCIOS RESOLVIDOS

Resolvido 1 Determine os ângulos internos do $\triangle ABC$, dados $\hat{A} = 40° + 4x$; $\hat{B} = 50° + 5x$ e $\hat{C} = 30° + 3x$.

Solução:

$\hat{A} + \hat{B} + \hat{C} = 180° \Rightarrow 40° + 4x + 50° + 5x + 30° + 3x = 180°$

$x = 5°$

$\hat{A} = 40° + 4x \Rightarrow \hat{A} = 40° + 4.5° \Rightarrow \mathbf{\hat{A} = 60°}$

$\hat{B} = 50° + 5x \Rightarrow \hat{B} = 50° + 5.5° \Rightarrow \mathbf{\hat{B} = 75°}$

$\hat{C} = 30° + 3x \Rightarrow \hat{C} = 30° + 3.5° \Rightarrow \mathbf{\hat{C} = 45°}$

Resposta: $\hat{A} = 60°$, $\hat{B} = 75°$, $\hat{C} = 45°$

Resolvido 2 Na figura abaixo, I é o incentro do $\triangle ABC$. Calcule o valor do ângulo interno do vértice A.

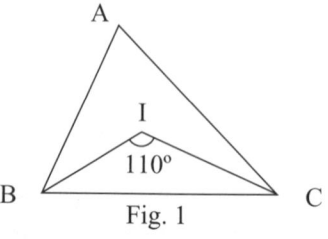

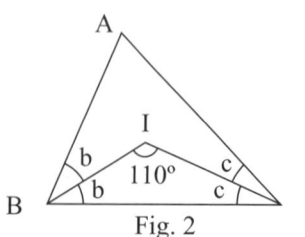

Solução: (veja Fig. 2)

$\triangle BIC$: $b + c + 110° = 180° \Rightarrow b + c = 70°$

$\triangle ABC$: $\hat{A} + 2b + 2c = 180° \Rightarrow \hat{A} + 2(b+c) = 180° \Rightarrow \hat{A} + 2.70° = 180° \Rightarrow \boxed{\hat{A} = 40°}$

Resposta: 40°

Resolvido 3 — O triângulo ABC é isósceles de base $\overline{BC}$. Determine o seu perímetro.

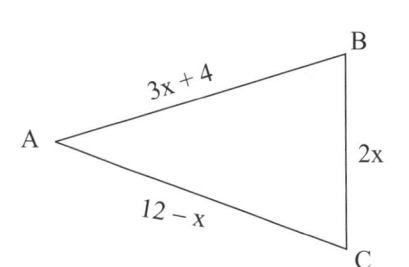

Solução:

1) $AB = AC \Rightarrow 3x + 4 = 12 - x \Rightarrow \mathbf{x = 2}$
2) $AB + AC + BC = 3x + 4 + 12 - x + 2x$
   $AB + AC + BC = 4x + 16$
   $AB + AC + BC = 4 \cdot 2 + 16 \Rightarrow AB + AC + BC = 24$

Resposta: 24

Resolvido 4 — O triângulo ABC é isósceles de base $\overline{BC}$ e o perímetro dele é igual a 30 cm. Determine x e y.

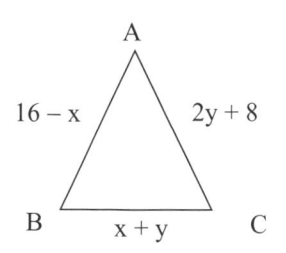

Solução:

$AB = AC \Rightarrow 16 - x = 2y + 8$
$AB + AC + BC = 30 \Rightarrow 16 - x + 2y + 8 + x + y = 30$

$\begin{cases} x + 2y = 8 \\ 3y = 6 \end{cases} \Rightarrow x = \mathbf{4\,cm}$ e $y = \mathbf{2\,cm}$

Resposta: x = 4 cm, y = 2 cm

Resolvido 5 — O triângulo ABC é isósceles de base $\overline{BC}$ e $\overline{AH}$ é altura relativa à base. Calcule x e y.

Solução:

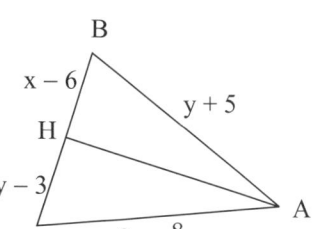

1) AH também é mediana
   $x - 6 = y - 3 \Rightarrow x - y = 3$

2) $AB = AC \Rightarrow 2x - 8 = y + 5 \Rightarrow 2x - y = 13$

$\begin{cases} x - y = 3 \\ 2x - y = 13 \end{cases} \Rightarrow \begin{cases} -x + y = -3 \\ 2x - y = 13 \end{cases} \oplus$
$ x = 10 \Rightarrow y = 7$

Resposta: x = 10, y = 7

Resolvido 6 — O $\triangle ABC$ abaixo é equilátero. Calcule o seu perímetro.

Solução:

$AB = AC \Rightarrow x + y = 4x - 22 \Rightarrow y = 3x - 22$
$AB = BC \Rightarrow x + y = 3y - 1 \Rightarrow x = 2y - 1$
Substituindo: $x = 2 \cdot (3x - 22) - 1 \Rightarrow x = 6x - 44 - 1 \Rightarrow \mathbf{x = 9}$
$y = 3x - 22 \Rightarrow y = 3 \cdot 9 - 22 \Rightarrow \mathbf{y = 5}$
$AB = x + y \Rightarrow AB = 14$
Portanto, o perímetro do $\triangle ABC = 3 \cdot 14 = 42$

Resposta: 42

Resolvido 7 — Calcule x e y.

Solução:

$\hat{A} + \hat{B} + \hat{C} = 180° \Rightarrow 3x + 10° + 3y - 100° + x = 180°$
$5y - 100°$ é externo $\Rightarrow 5y - 100° = 3x + 10° + 3y - 100°$

$\Rightarrow \begin{cases} 4x + 3y = 270° \\ 3x - 2y = -10° \end{cases} \Rightarrow \begin{cases} 8x + 6y = 540° \\ 9x - 6y = -30° \end{cases} \oplus$
$ 17x = 510°$
$ \mathbf{x = 30°}$

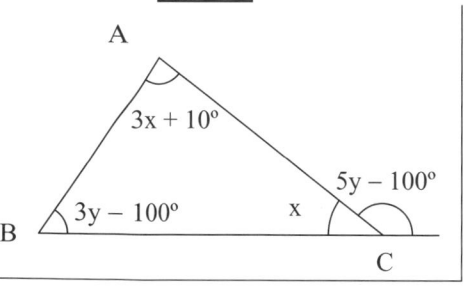

Substituindo: $3x - 2y = -10$
$3 \cdot 30 - 2y = -10 \Rightarrow y = 50°$

Resposta: x = 30°, y = 50°

145 Determine o valor de x nos casos abaixo:

a) triângulo com ângulos 70°, 50° e x

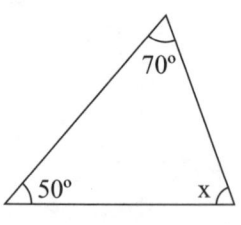

b) triângulo com ângulos x, 30° e 80°

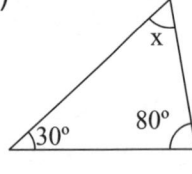

c) triângulo retângulo com ângulos x e 30°

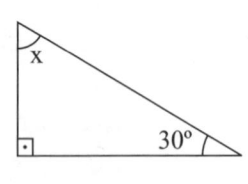

d) triângulo retângulo com ângulos 45° e x

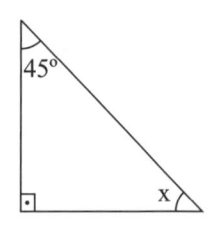

e) AB = AC, triângulo ABC com ângulo A = 80°, ângulos B = x e C = y

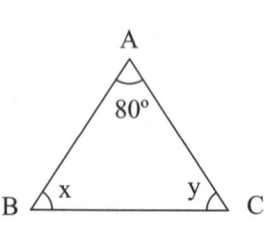

f) PQ = PR, triângulo com ângulo R = 70° e ângulo P = x

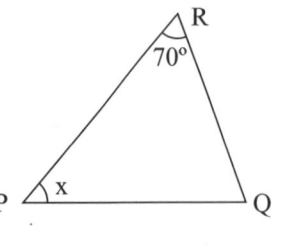

g) ST = TU, triângulo com ângulo T = 2x e ângulo S = 4x

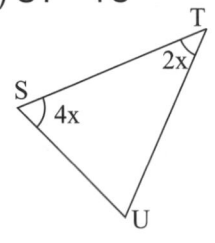

h) triângulo isósceles com ângulo externo 134° e ângulo x

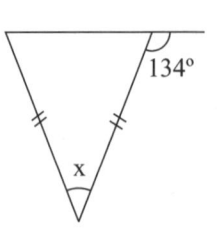

i) triângulo retângulo com ângulos 2x e x

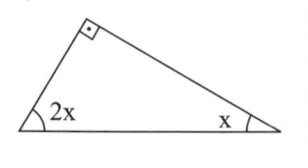

j) triângulo retângulo com ângulos 7x − 14° e 2x − 4°

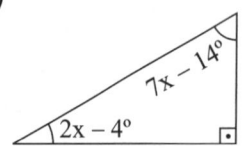

l) triângulo retângulo com ângulos x e 5x

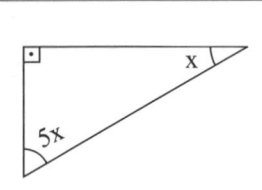

m) triângulo retângulo com ângulos 3x e 3x + 6°

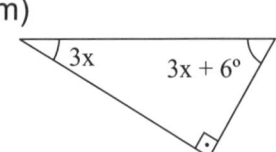

n) triângulo com ângulos 6x − 10°, 3x − 5° e 4x

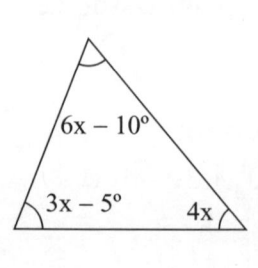

o) triângulo com ângulos x + 2°, x + 1° e x

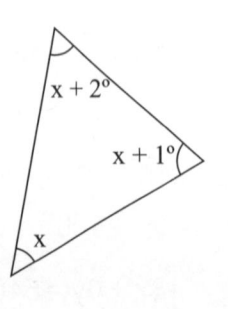

p) triângulo com ângulos 5x − 5°, 4x − 4° e 3x − 3°

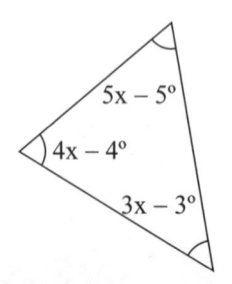

q) triângulo com ângulos 5x + 5°, 3x + 3° e 4x + 4°

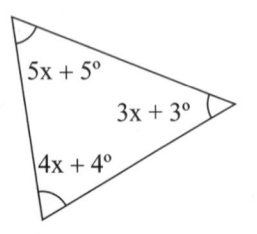

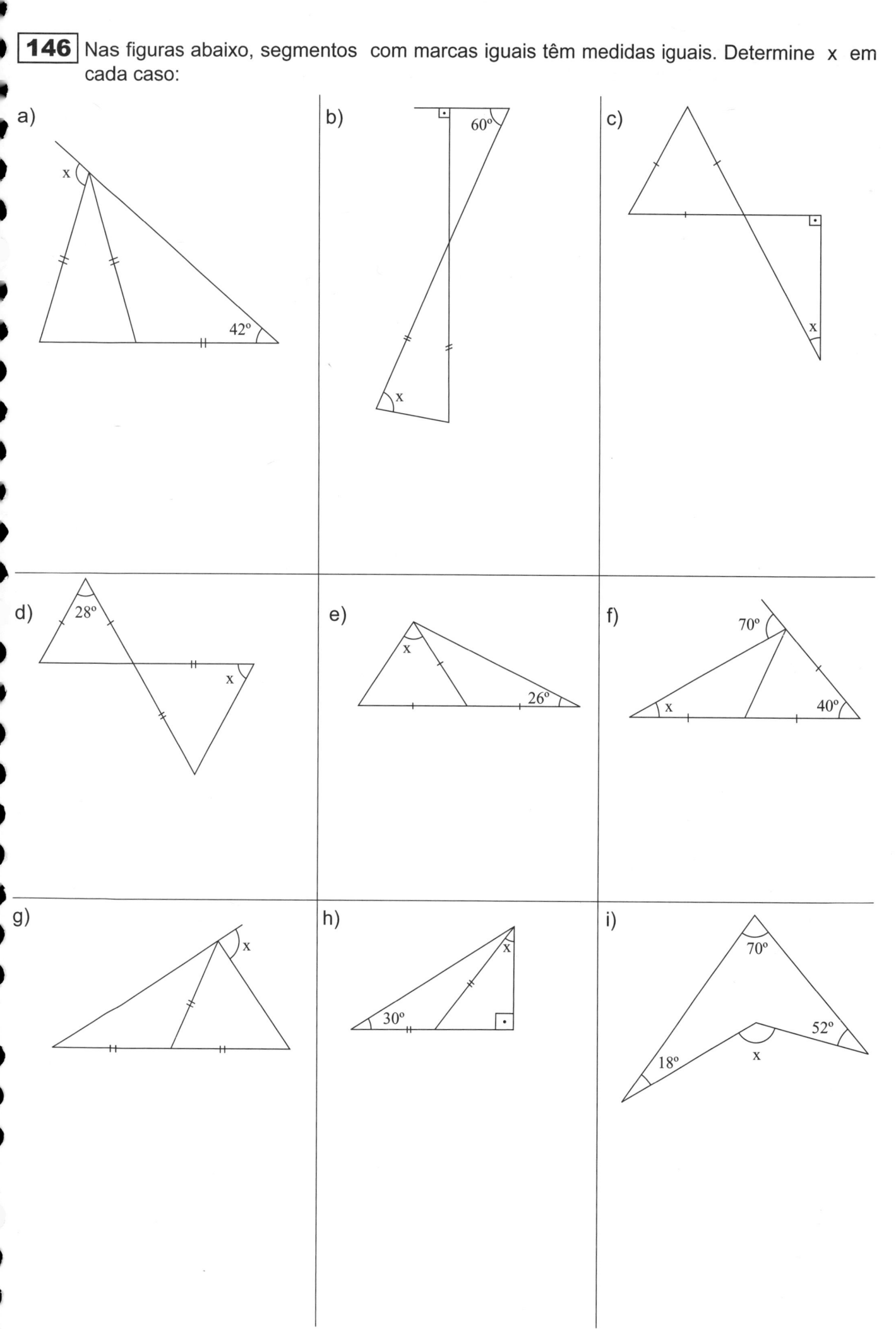

146 Nas figuras abaixo, segmentos com marcas iguais têm medidas iguais. Determine x em cada caso:

a)

b)

c)

d)

e)

f)

g)

h)

i)

147. Os segmentos AI, BI e CI, se estiverem desenhados nas figuras abaixo, indicam bissetrizes dos ângulos internos do △ABC.

Nestas condições, determine o valor das incógnitas em cada caso:

a)

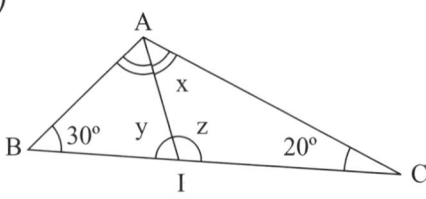

b)

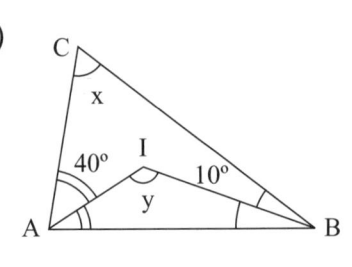

c)

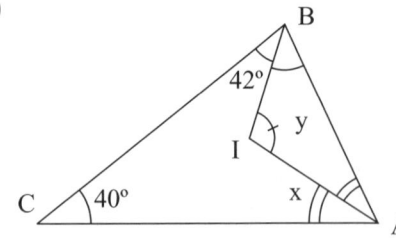

d) CA = CB

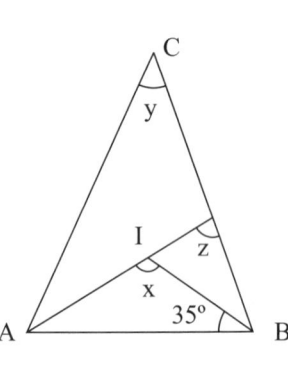

e)

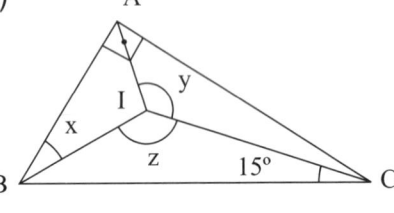

f)

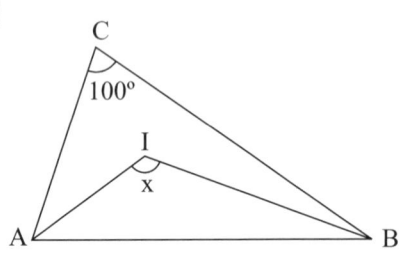

g)

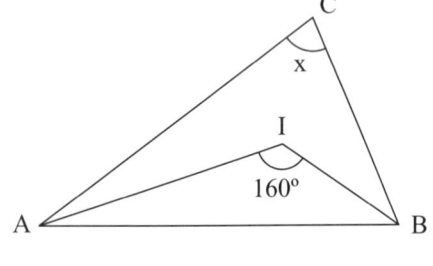

h)

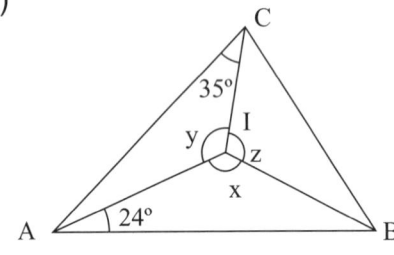

i)

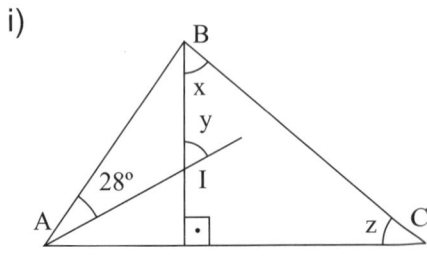

j)

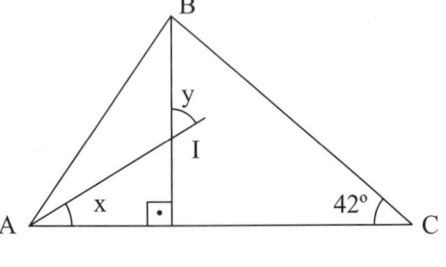

l)

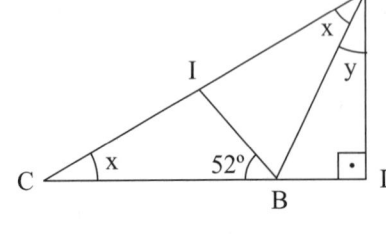

m)

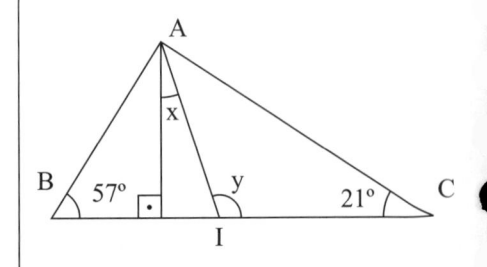

148 Determine o valor das incógnitas nos casos abaixo:

a) Triângulo com ângulos internos $4x + 10°$ e $3x + 5°$, e ângulo externo $10x - 30°$.

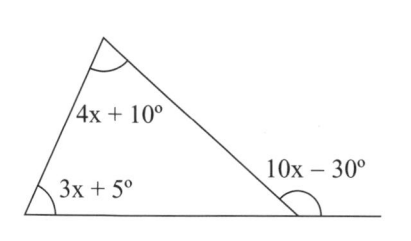

b) Triângulo com ângulos internos $4x - 15°$, ângulo externo $3x + 40°$ e ângulo externo $2x - 5°$.

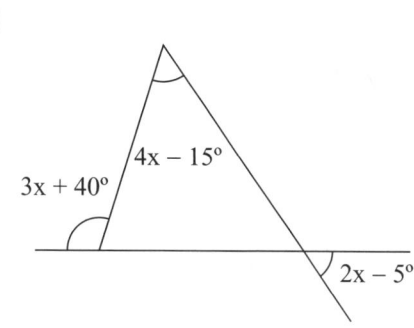

c) Triângulo com ângulo interno $2x + 24°$ e ângulos externos $4x - 2°$ e $6x - 50°$.

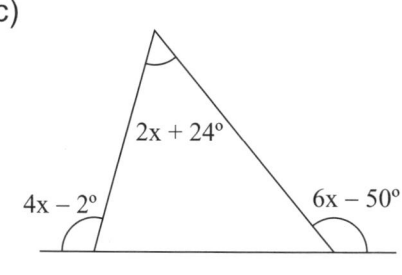

d) AB = AC

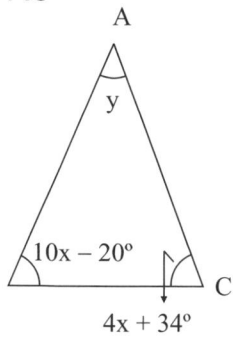

Triângulo ABC com ângulo $\hat{A} = y$, ângulo $\hat{B} = 10x - 20°$ e ângulo externo em C igual a $4x + 34°$.

e) AB = AC

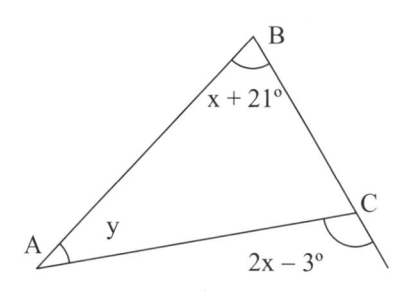

Triângulo com ângulo $\hat{A} = y$, ângulo $\hat{B} = x + 21°$ e ângulo externo em C igual a $2x - 3°$.

f) AB = AC

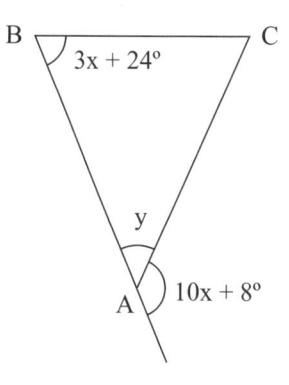

Triângulo com ângulo $\hat{B} = 3x + 24°$, ângulo $\hat{A} = y$ e ângulo externo em A igual a $10x + 8°$.

g) AB = AC

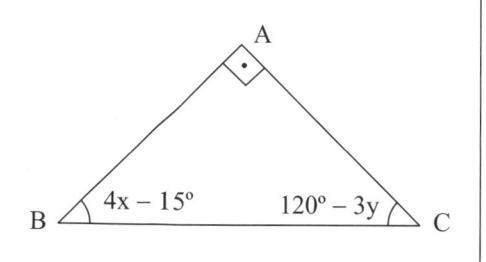

Triângulo retângulo em A, com ângulo $\hat{B} = 4x - 15°$ e ângulo externo em C igual a $120° - 3y$.

h) Triângulo com ângulo y no vértice superior, ângulo reto, ângulos $3x - 8°$ e $4x + 8°$, e ângulo externo $x + 2°$.

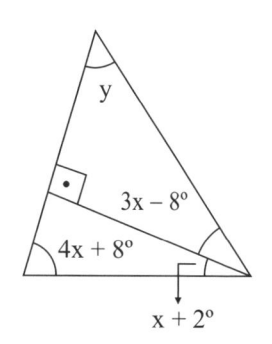

i) Triângulo com ângulos $x + 12°$, $2x$, ângulo reto interno, y e z.

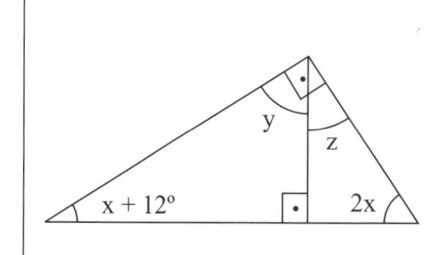

149 Dados: nos itens g, h e i $\overline{AM}$ é mediana. Nos demais o triângulo ABC é isósceles de base $\overline{BC}$. Determine as medidas dos lados dos triângulos ABC em cada caso:

a) Triângulo ABC com AB = $x+3$, AC = $4x-24$, BC = $\dfrac{x}{3}$.

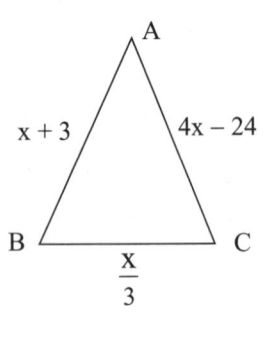

b) Triângulo ABC com AB = $3x-24$, BC = $x-7$, AC = $x+2$.

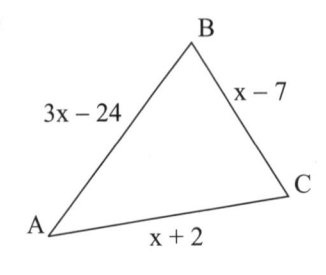

c) Triângulo ABC com AB = $3x-50$, BC = $x-2$, AC = $x-10$.

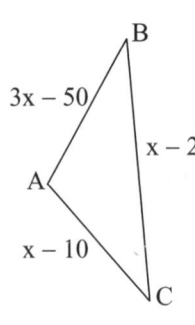

d) Triângulo ABC com AB = $2x-8$, ângulo A = $60°$, BC = $5x-80$.

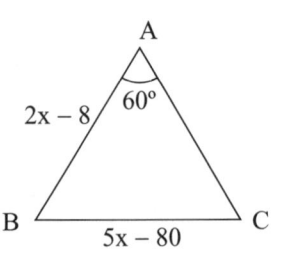

e) Triângulo ABC com AB = $9x-9y$, AC = $3y-18$, ângulo C = $60°$, BC = $2x-2$.

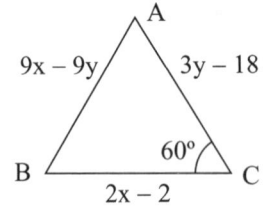

f) Perímetro do △ABC vale 16 m. AB = $2y$, AC = $4x+y$, BC = $2x+2y$.

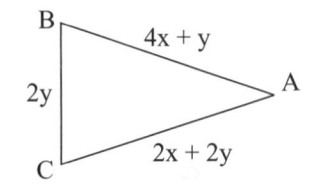

g) Triângulo ABC com AB = $36-5x$, AC = $x+1$, BM = $28-4x$, MC = $2x-8$, AM mediana.

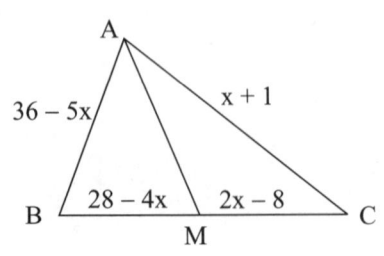

h) Triângulo ABC com AB = $2x$, AC = $x-2$, BM = $x+2$, MC = $2x-6$, AM mediana.

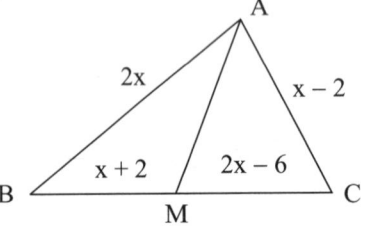

i) Triângulo com CM = $22-5x$, MB = $2x+1$, AB = $x+3$, AM mediana (ângulo reto em M).

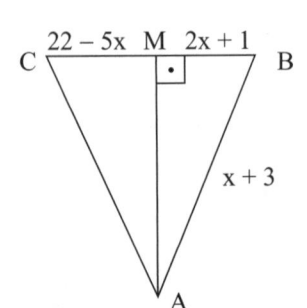

150 Quanto mede cada lado de um triângulo equilátero que tem 138 m de perímetro?

151 O perímetro de um triângulo isósceles é de 126 m e sua base mede 52 m. Quanto medem os outros lados?

152 Cada um dos lados congruentes de um triângulo isósceles excede a base em 33 cm. Se o perímetro desse triângulo é de 192 cm, quanto mede cada lado?

153 A diferença entre a base e um dos lados congruentes de um triângulo isósceles é igual a 12 m. Se o perímetro desse triângulo é de 60 m, quanto mede cada lado?

154 A soma da base com um dos lados congruentes de um triângulo isósceles, excede o dobro do lado congruente em 10 m. Se o perímetro desse triângulo mede 70 m, quanto mede cada lado?

155 As medidas dos lados de um triângulo equilátero ABC são expressas por:
$AB = 2x - y$, $AC = 2y - 12$ e $BC = 17 - x$
Determine o perímetro desse triângulo.

156 Determine os ângulos internos de um triângulo sabendo que são proporcionais a 3, 4 e 5.

157 A altura relativa à base e a altura relativa a um dos lados congruentes de um triângulo isósceles formam um ângulo de 70°. Determine os ângulos desse triângulo.

158 Seja ABC um triângulo isósceles de base BC. Sejam ainda $\overline{BS}$ e $\overline{CH}$ respectivamente, bissetriz e altura relativas aos vértices B e C. Determine os ângulos internos do △ABC, sabendo que o ângulo entre BS e CH é igual a 55°.

159 As bissetrizes relativas aos vértices da base de um triângulo isósceles formam 118°. Determine os ângulos desse triângulo.

160 As alturas relativas aos vértices da base de um triângulo isósceles formam 110°. Determine os ângulos desse triângulo.

161 A mediana relativa à base $\overline{BC}$ de um triângulo isósceles ABC forma 70° com a bissetriz $\overline{BS}$ do ângulo interno do vértice B. Determine o ângulo agudo entre $\overline{BS}$ e o lado $\overline{AC}$.

162 Determine os ângulos de um triângulo isósceles no caso em que:
a. O ângulo do vértice é igual a soma dos ângulos da base.
b. Cada ângulo da base é o quádruplo do ângulo do vértice.
c. A diferença entre um ângulo da base e o ângulo do vértice é igual a 30°.
d. O ângulo do vértice excede um dos ângulos da base em 30°.
e. Um ângulo externo da base é o triplo do ângulo do vértice.
f. As bissetrizes dos ângulos internos da base formam um ângulo de 100°.
g. A bissetriz do ângulo do vértice e a bissetriz do ângulo interno da base formam um ângulo de 100°.
h. As bissetrizes dos ângulos externos da base formam um ângulo de 70°.
i. A bissetriz do ângulo do vértice e a bissetriz de um ângulo externo da base formam um ângulo

---

Resp: **144** a) L.A.L b) L.L.L c) A.L.A d) L.A.A$_o$ e) Não são congruentes f) L.A.L g) caso cateto-hipotenusa h) L.A.A$_o$ i) Não são congruentes j) Não são congruentes l) L.A.A$_o$ m) Não são congruentes n) L.A.L ou L.L.L o) Não são congruentes p) L.A.L ou A.L.A ou L.A.A$_o$ q) Não são congruentes **145** a) 60° b) 70° c) 60° d) 45° e) x = y = 50° f) 40° g) 18° h) 88° i) 30° j) 12° l) 15° m) 14° n) 15° o) 59° p) 16° q) 14° **146** a) 126° b) 75° c) 30° d) 52° e) 64° f) 30° g) 90° h) 30° i) 140° **147** a) x = 65°, y = 85°, z = 95° b) x = 80°, y = 130° c) x = 28°, y = 110° d) x = 110°, y = 40°, z = 75° e) x = 30°, y = 120°, z = 135° f) x = 140° g) x = 140° h) x = 125°, y = 121°, z = 114° i) x = 34°, y = 62°, z = 56° j) x = 21°, y = 69° l) x = 38°, y = 14° m) x = 18°, y = 108° **148** a) 15° b) 20° c) 32° d) x = 9°, y = 40° e) x = 54°, y = 30° f) x = 10°, y = 72° g) x = 15°, y = 25° h) x = 16°, y = 50° i) x = 26°, y = 52°, z = 38° **149** a) 12, 12 e 3 b) 15, 15 e 6 c) 10, 10 e 18 d) 40 cada um. e) 90 cada um. f) 6 m, 6 m e 4 m g) 6, 7 e 8 h) 20, 16 e 6 i) 14, 6 e 6 **150** 46 m **151** 37 m e 37 m **152** 75 cm, 75 cm e 42 cm **153** 16 m, 16 m e 28 m ou 24 m, 24 m e 12 m **154** 20 m, 20 m e 30 m **155** 24 **156** 45°, 60° e 75° **157** 70°, 70° e 40° **158** 70°, 70° e 40° **159** 62°, 62° e 56° **160** 55°, 55° e 70° **161** 60° **162** a) 45°, 45° e 90° b) 80°, 80° e 20° c) 70°, 70° e 40° ou 50°, 50° e 80° d) 50°, 50° e 80° e. 36°, 72°, 72° f) 80°, 80° e 20° g) 20°, 20° e 140° h) 70°, 70° e 40° i) 84°, 84° e 12°

Congruência de Triângulos

163 Verifique se os triângulos abaixo são congruentes. Caso afirmativo, diga qual o caso de congruência, e quais os pares de lados e ângulos congruentes.

a)

b)

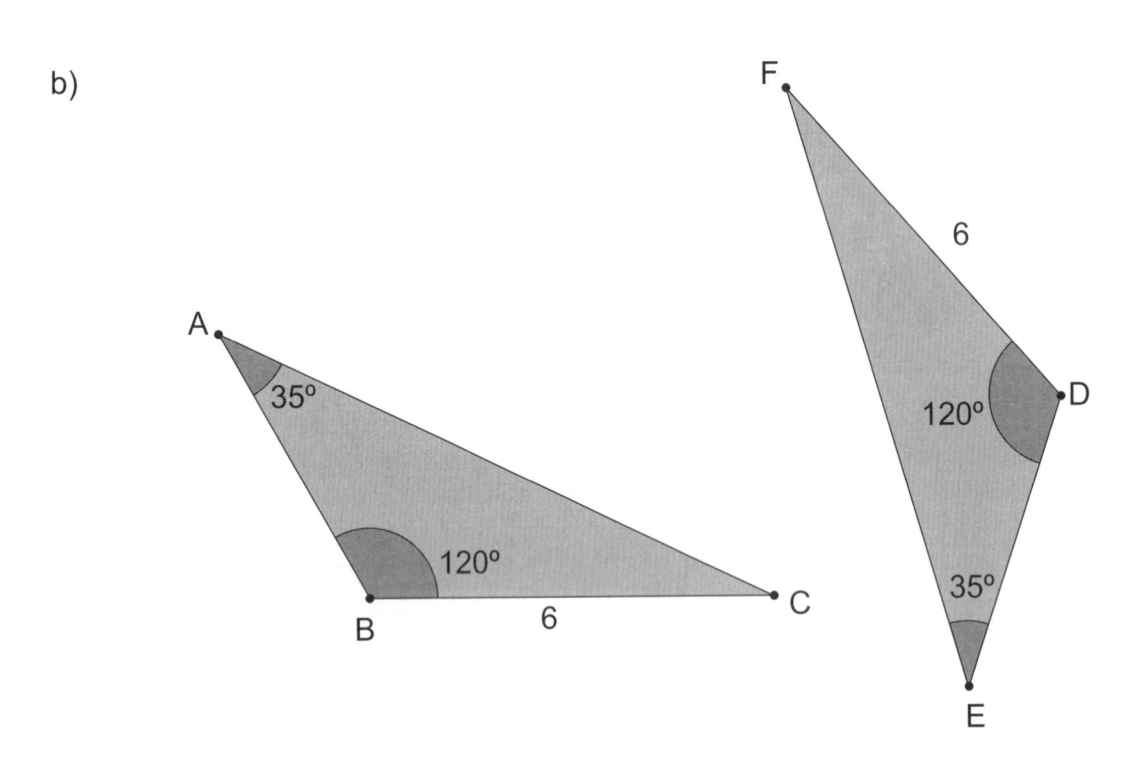

164 Calcule as medidas dos ângulos internos dos triângulos abaixo:

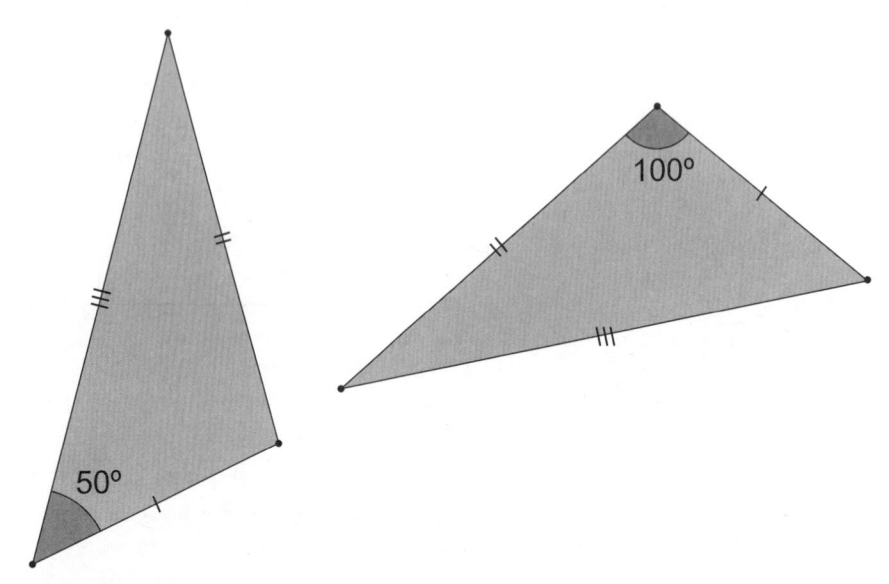

165 Na figura abaixo, BC = CE. Sabendo-se que AC = 2x + 5, AB = 3x − 7 e CD = 15, determine DE.

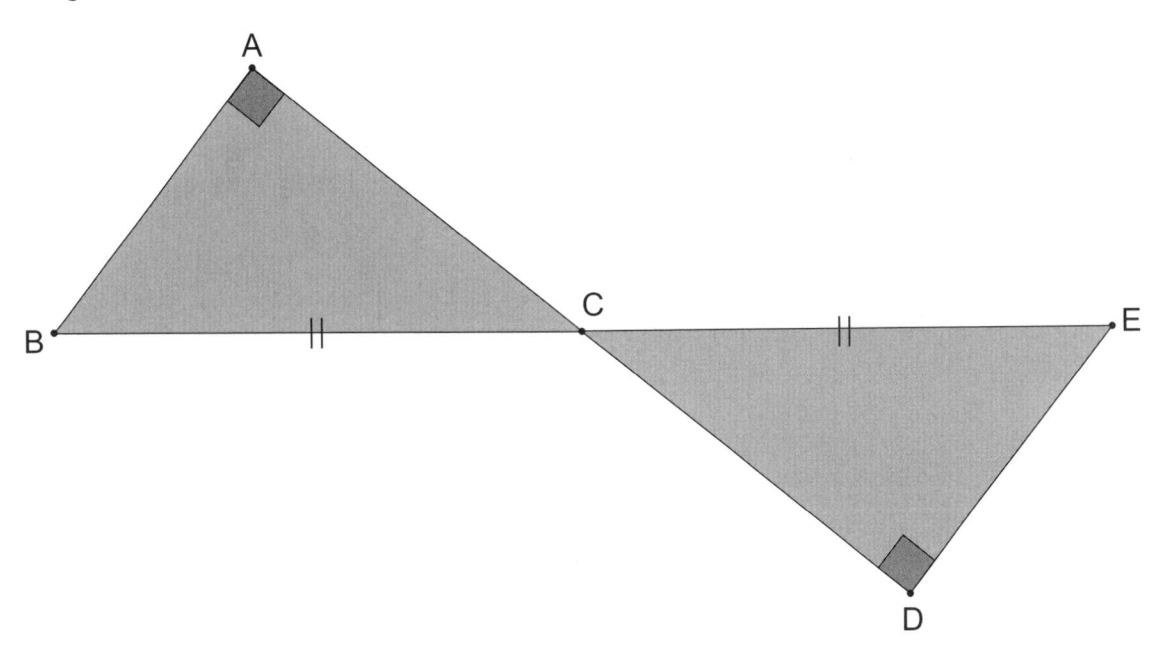

166 Na figura abaixo, temos: AB paralelo a DE e AC = CD. Prove que BC = CE.

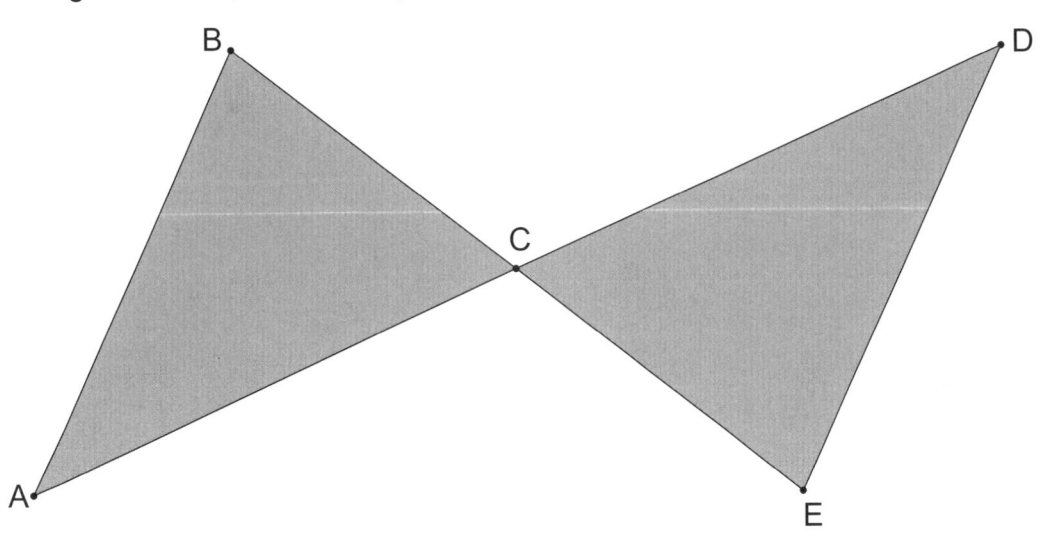

167 Prove que, num triângulo isósceles, a altura relativa à base também é mediana e bissetriz.

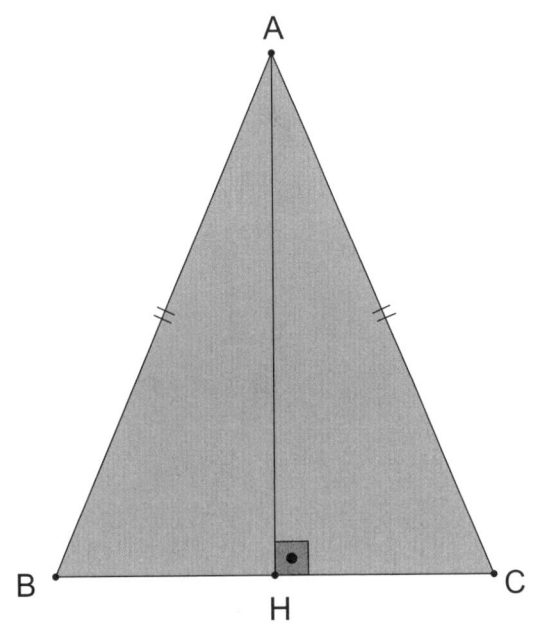

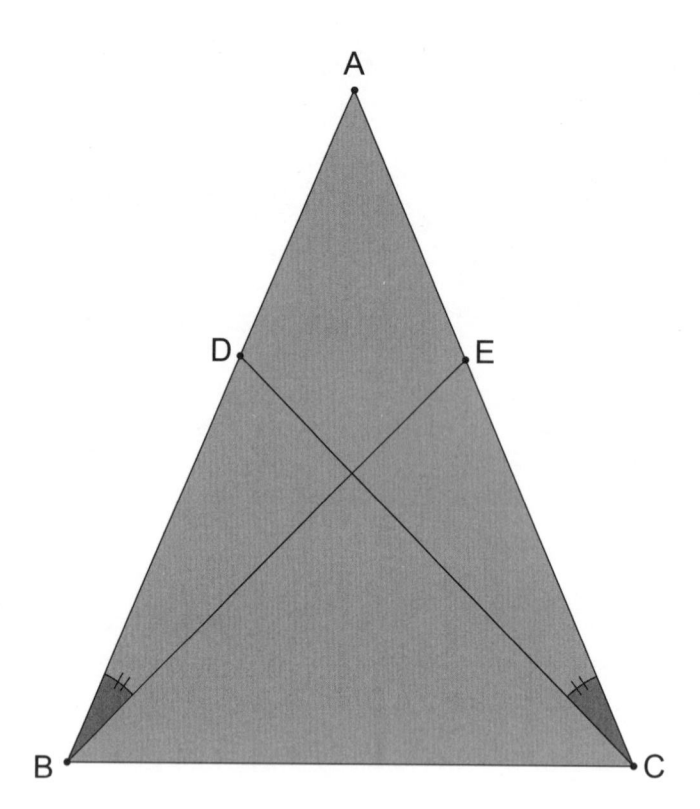

168 Na figura abaixo, o triângulo ABC é isósceles (AB = AC) e ABÊ = ACD̂. Prove que BE = CD.

IV CONSTRUÇÕES GEOMÉTRICAS

1. Retas perpendiculares

1) Triângulo isósceles

Definição: Triângulo isósceles é aquele que tem dois lados congruentes (têm medidas iguais).
Ângulo do vértice: é ângulo formado pelos dois lados congruentes.
Base: é o lado oposto ao ângulo do vértice.

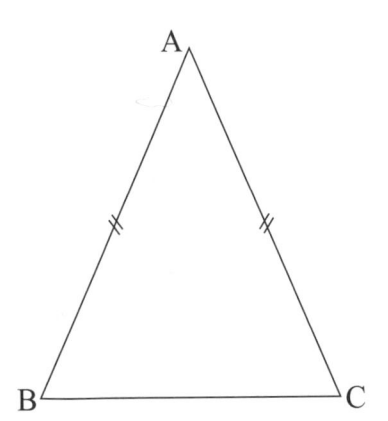

AB = AC ⇔ ABC é isósceles de base BC.

$\hat{A}$ é o ângulo do vértice

$\overline{BC}$ é a base

$\overline{AB}$ e $\overline{AC}$ são os lados oblíquos à base

$\hat{B}$ e $\hat{C}$ são os ângulos da base

Obs: Todo triângulo equilátero é também isósceles (ele é isósceles três vezes)

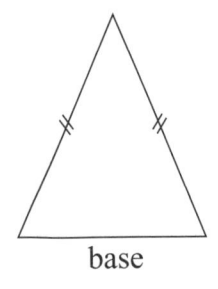

Triângulo isósceles acutângulo

Triângulo isósceles retângulo

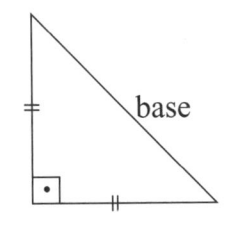

Triângulo isósceles obtusângulo

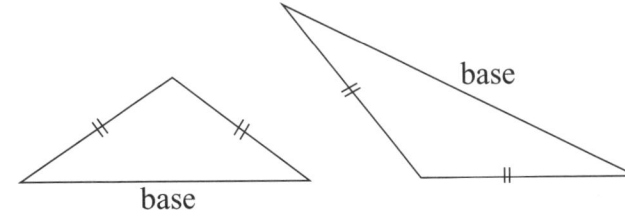

2) Altura, bissetriz e mediana

Altura: O segmento que tem uma extremidade num vértice de um triângulo e a outra na reta que contém o lado oposto, e é perpendicular a esta reta, é chamado altura do triângulo.
Todo triângulo tem três alturas, uma relativa à cada vértice (ou lado).

Bissetriz: O segmento com uma extremidade em um vértice e a outra no lado oposto a ele, contido na bissetriz do ângulo de um triângulo é chamado bissetriz interna do triângulo.
Todo triângulo tem três bissetrizes internas, uma relativa a cada vértice (ou lado).

Mediana: O segmento cujas extremidades são um vértice e o ponto médio do lado oposto de um triângulo é chamado mediana deste triângulo.

Todo triângulo tem três medianas, uma relativa a cada vértice (ou lado).

Altura:

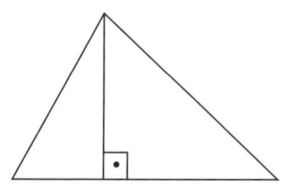

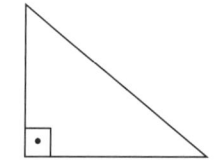

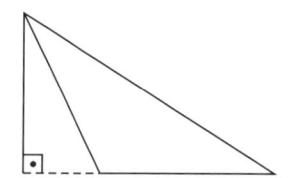

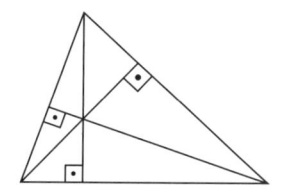

Bissetriz:

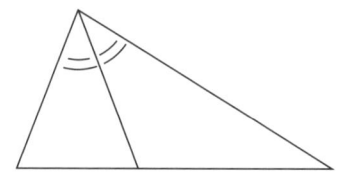

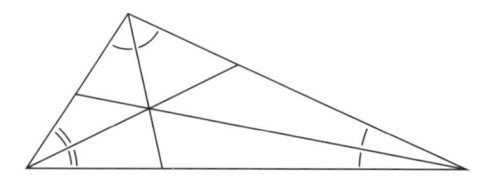

Mediana:

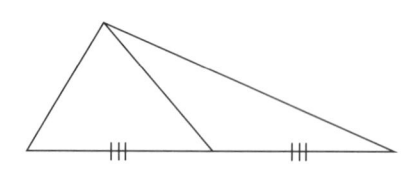

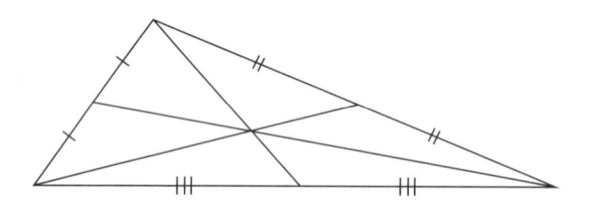

Altura, bissetriz e mediana relativa a um mesmo vértice (ou lado) de um triângulo escaleno:

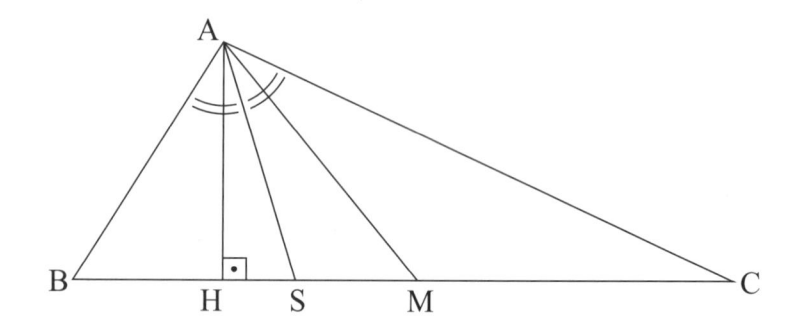

$\overline{AH}$ é altura relativa ao vértice A

$\overline{AS}$ é bissetriz relativa ao vértice A

$\overline{AM}$ é mediana relativa ao vértice A

Propriedade: A altura, bissetriz e mediana, relativas à base de um triângulo isósceles são coincidentes.

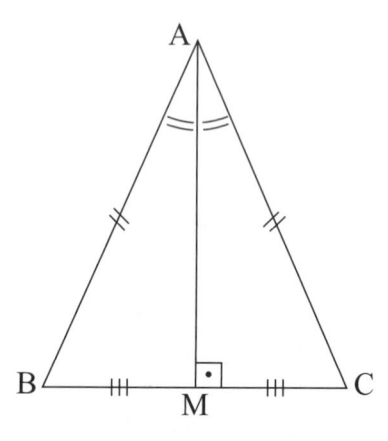

Se o triânguloABC é isósceles de base BC, então

$\overline{AM}$ é altura ⇒ $\overline{AM}$ é bissetriz e mediana

$\overline{AM}$ é bissetriz ⇒ $\overline{AM}$ é altura e mediana

$\overline{AM}$ é mediana ⇒ $\overline{AM}$ é altura e bissetriz

3) A perpendicular por um ponto

1º caso: O ponto não pertence à reta

Conduzir por um ponto **P** fora de uma reta r, a reta que é perpendicular a ela.

Basta encaixarmos dois triângulos isósceles, um com a base BC sobre r e o vértice oposto à base em **P** e um outro qualquer de base BC. Como as alturas relativas à base BC são medianas e BC tem um único ponto médio, a reta determinada por **P** e o outro vértice, oposto a BC, é a reta que passa por **P** e é perpendicular a r.

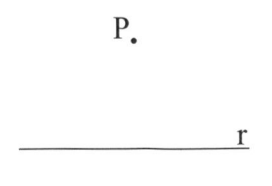

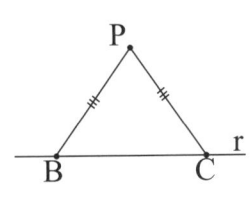

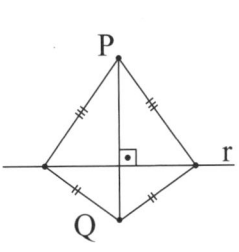

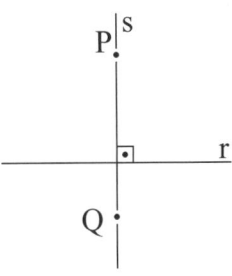

Construção:

1º) Com centro em **P** e raio arbitrário traçamos um arco que corta r em **B** e **C**.

2º) Com centros em **B** e **C** e mesmo raio (pode ser diferente do anterior) traçamos dois arcos que se cortam em **Q**. A reta s determinado por **P** e **Q** é a reta que passa por **P** e é perpendicular a r.

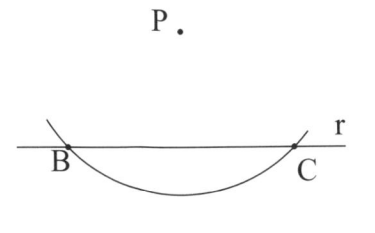

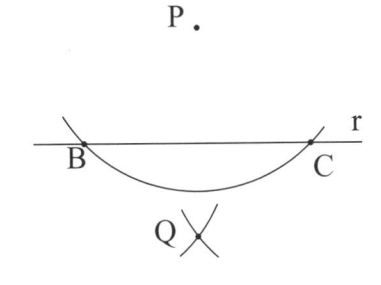

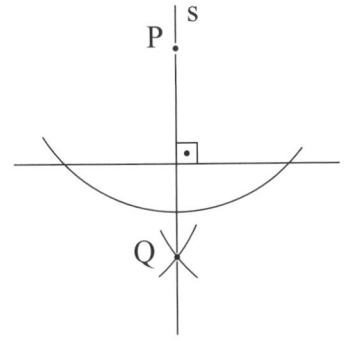

2º caso: O ponto pertence à reta

Conduzir por um ponto **P**, pertencente a uma reta r, a reta que é perpendicular a ela. Basta encaixarmos um triângulo isósceles qualquer com base BC em r onde **P** é o ponto médio de BC. A mediana relativa a BC é também altura, logo a reta determinada por **P** e o vértice, oposto à base BC, é a reta que passa por **P** e é perpendicular à reta r.

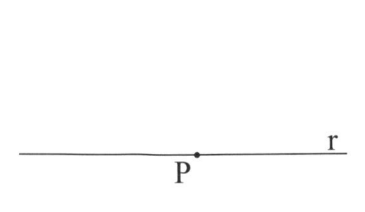

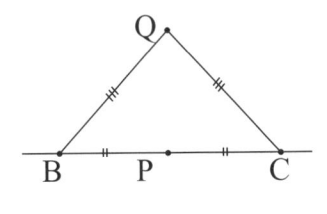

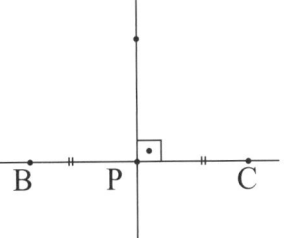

Construção:

1º) Com centro em **P** e raio arbitrário traçamos um arco que corta r em B e C.

2º) Com centros em **B** e **C** e raio maior que o anterior traçamos dois arcos que se cortam em Q. A reta s determina por **P** e **Q** é a reta procurada.

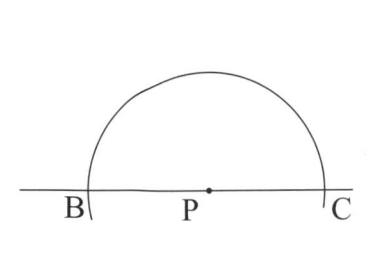

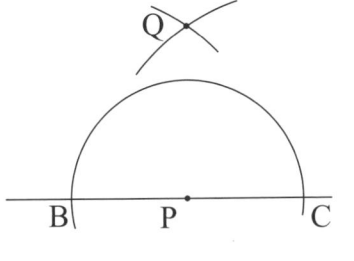

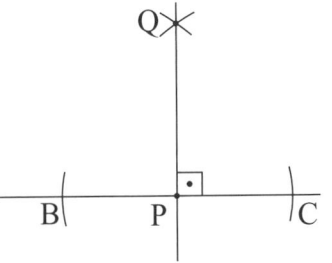

4. Mediatriz e bissetriz

1) Mediatriz de um segmento. A reta perpendicular a um segmento, conduzida pelo ponto médio do segmento é chamada **mediatriz** desse segmento.

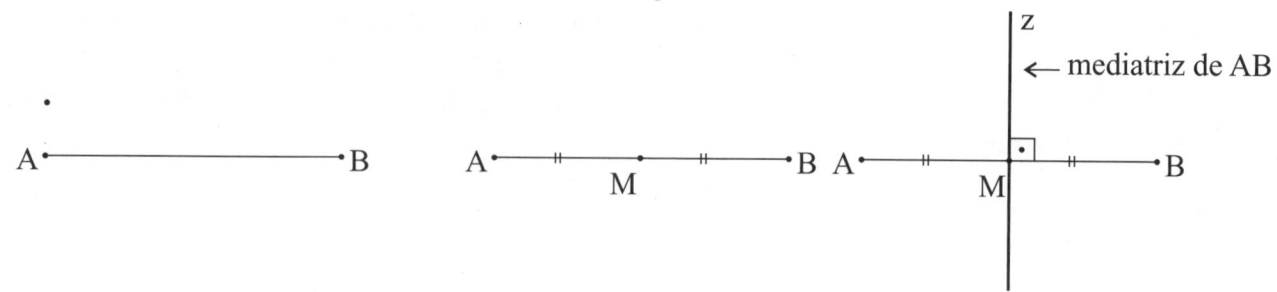

2) Bissetriz de um ângulo: A semi-reta com origem no vértice de um ângulo, interna ao ângulo (contida no setor angular determinado pelo ângulo), que determina com os lados do ângulo, dois ângulos de medidas iguais, é chamada bissetriz desse ângulo.

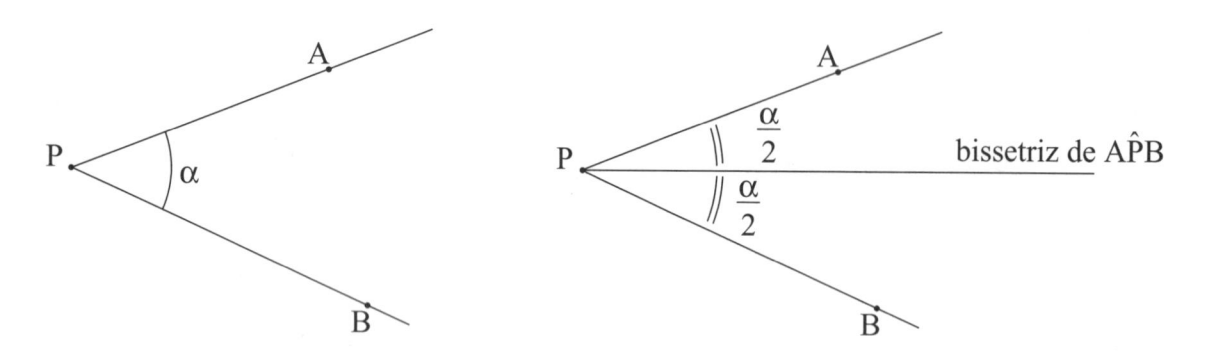

3) Losango

Definição: Losango é o paralelogramo que tem lados adjacentes congruentes (ou é o quadrilátero que tem lados congruentes entre si).

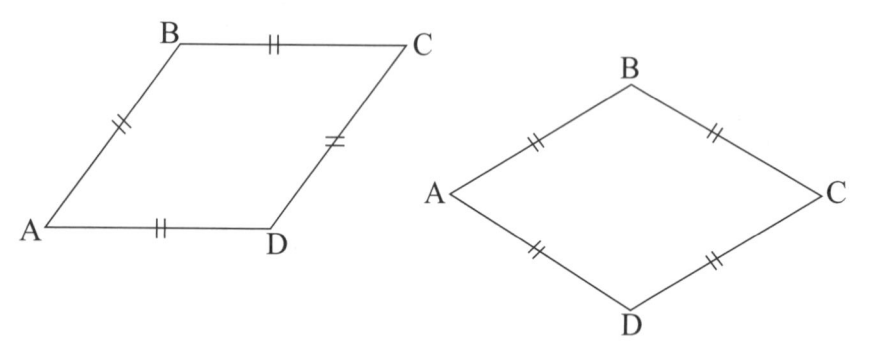

I. ABCD é um paralelogramo e AB = BC, então ABCD é um **losango.**

II. AB = BC = CD = AD então ABCD é um **losango.**

4) Propriedades

P1: Em todo losango, o ponto de intersecção das diagonais é o ponto médio de cada uma delas. (As diagonais se cortam ao meio).

Obs: Esta propriedade é válida para todos os paralelogramos.

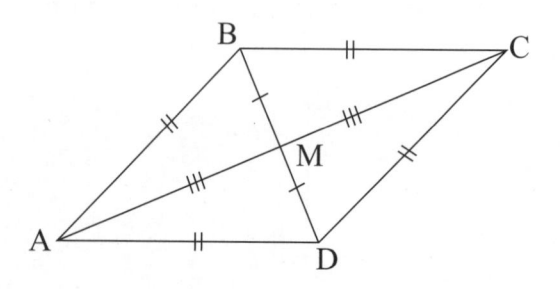

ABCD é um losango e $\overline{AC} \cap \overline{BD} = \{M\}$
Então: M é ponto médio de $\overline{AC}$ e $\overline{BD}$
AM = MC e BM = MD

114

P2: Em todo losango, as diagonais são perpendiculares.
Obs: Como todo quadrado é losango, então...

P3: Em todo losango, as diagonais são bissetrizes dos seus ângulos.
Obs: Como todo quadrado é losango, então...

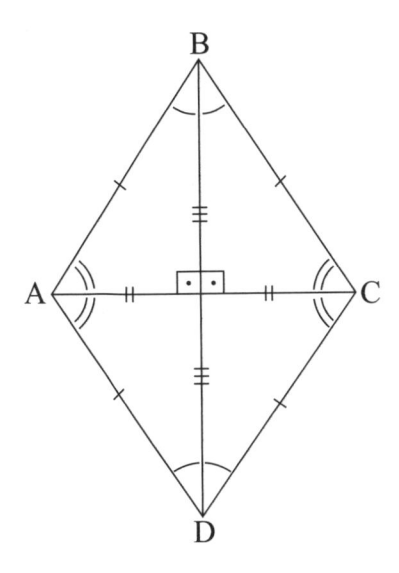

ABCD é um losango. Então:
I. $\overline{BD}$ é perpendicular a $\overline{AC}$
II. $\overline{AC}$ é bissetriz de $\hat{A}$ e de $\hat{C}$
     $\overline{BD}$ é bissetriz de $\hat{B}$ e $\hat{D}$

A reta que passa pelo **ponto médio** de um segmento e é **perpendicular** a ele é chamada **mediatriz** deste segmento. Então, no losango, a reta que contém uma diagonal é mediatriz da outra diagonal.

5) Construção da mediatriz

Traçar a mediatriz de um segmento AB dado.

Basta construirmos dois triângulos isósceles de base AB e ligarmos os vértices opostos às bases ou basta construirmos um losango que tem como uma diagonal AB, a reta que contém a outra diagonal é a mediatriz de AB.

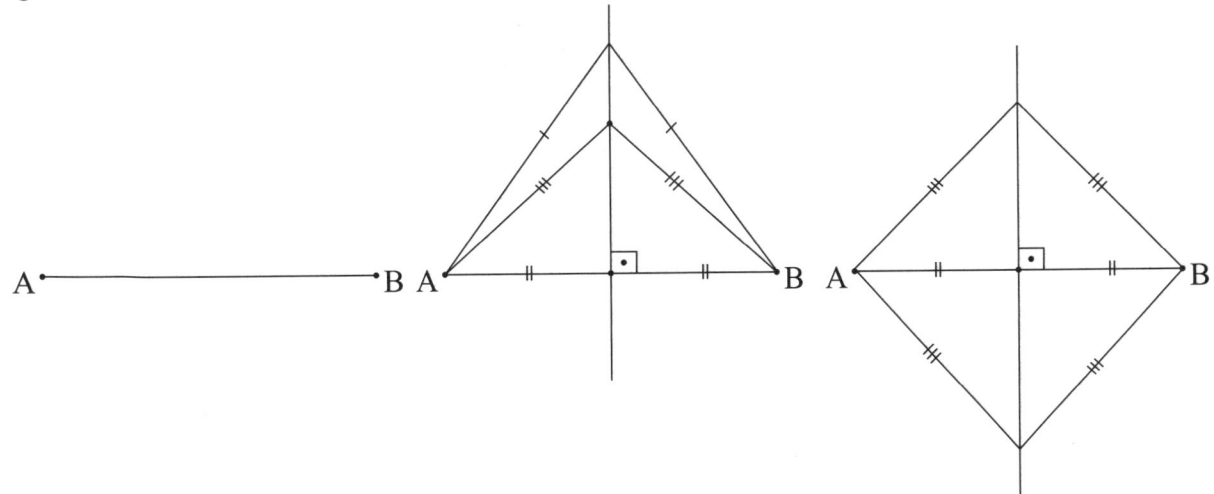

Obs: Quando traçamos a mediatriz de um segmento AB, determinamos também o ponto médio do segmento.

Construção:

1º modo (triângulos isósceles de base AB).

1º) Com centros em A e B e mesmo raio traçamos dois arcos que se cortam em P.

2º) Com centros em A e B e outro raio traçamos dois arcos que se cortam em Q. A reta PQ é a mediatriz de AB.

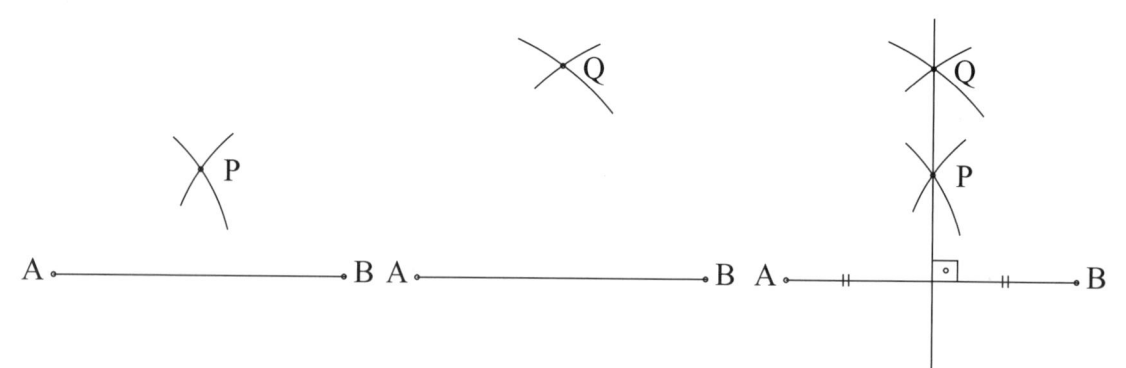

2º modo: (losango com uma diagonal AB)

Com centros em A e B traçamos dois arcos de mesmo raio que se cortam em P e Q.

Note que PAQB é losango e que a reta que contém PQ é mediatriz de AB.

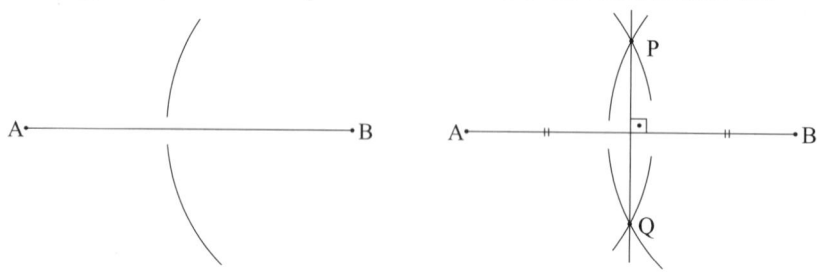

6) Construção da bissetriz

Traçar a bissetriz de um ângulo dado.

Basta encaixar um losango no ângulo de modo que um dos ângulos do losango seja o ângulo dado. A semi-reta que tem origem no vértice do ângulo dado e contém uma diagonal do losango é a bissetriz ângulo dado.

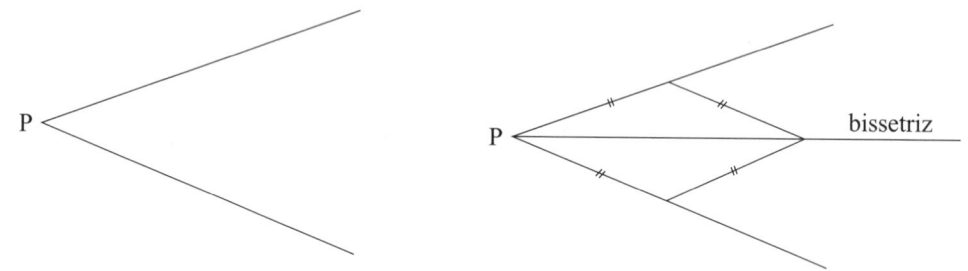

Construção:

1º) Com centro no vértice **P** do ângulo e raio arbitrário traçarmos um arco que corta os lados do ângulo nos ponto **A** e **B**.

2º) Com centros em **A** e **B** e mesmo raio traçarmos dois arcos que se cortam em Q. O quadrilátero APBQ é um losango. Então $\overrightarrow{PQ}$ é bissetriz do ângulo dado.

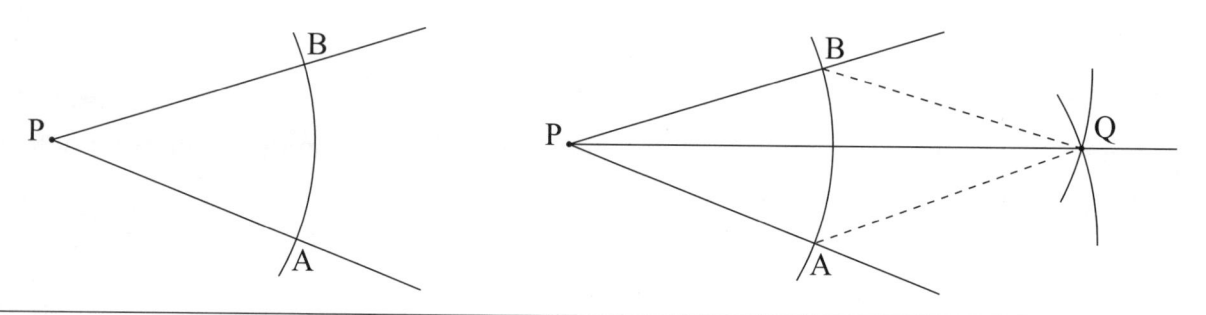

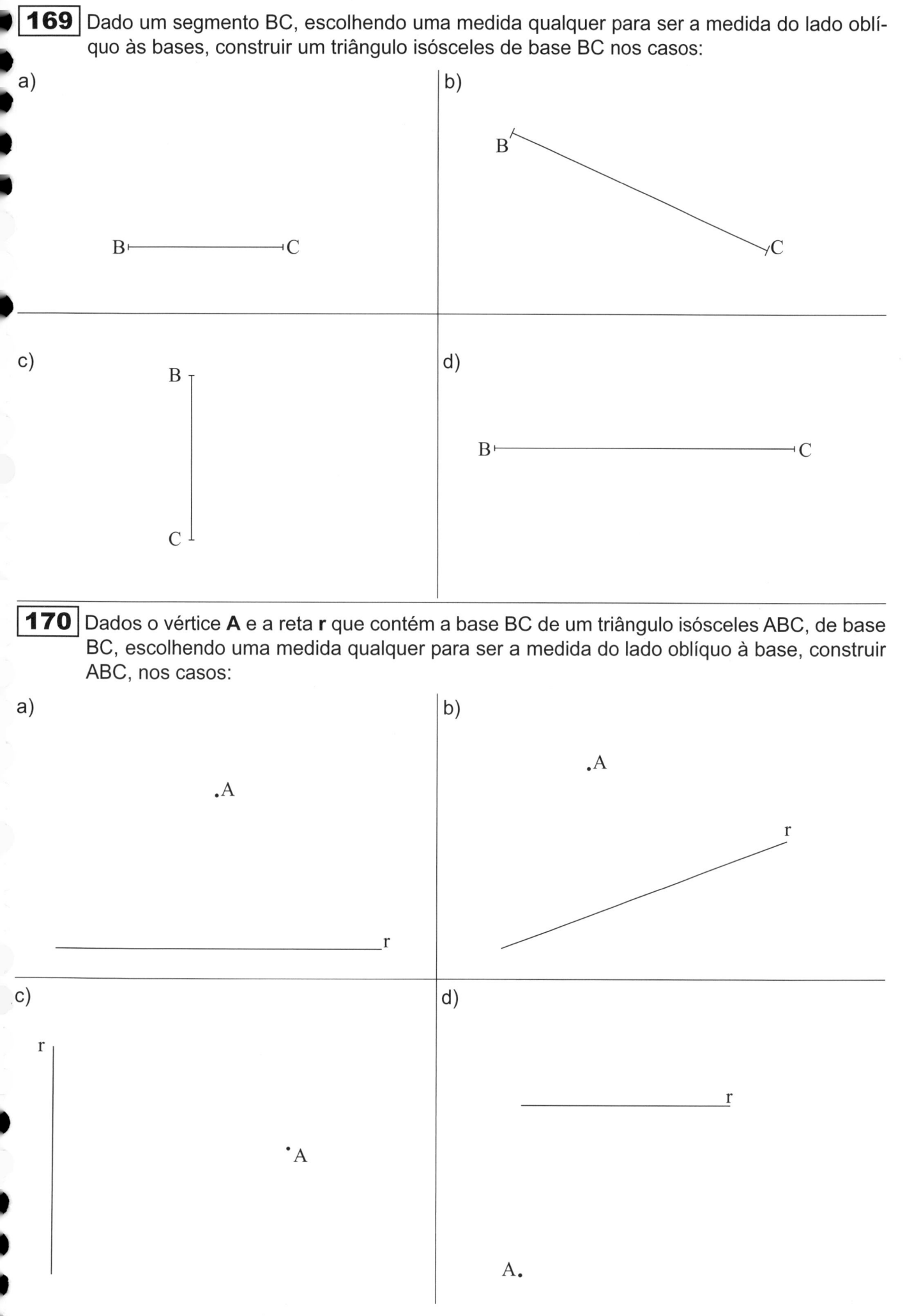

169 Dado um segmento BC, escolhendo uma medida qualquer para ser a medida do lado oblíquo às bases, construir um triângulo isósceles de base BC nos casos:

a)

B⊢――――⊣C

b)

B⌐
 ＼
  ＼
   ＼
    ⌐C

c)

B⌐
│
│
│
C⌞

d)

B⊢―――――――⊣C

170 Dados o vértice **A** e a reta **r** que contém a base BC de um triângulo isósceles ABC, de base BC, escolhendo uma medida qualquer para ser a medida do lado oblíquo à base, construir ABC, nos casos:

a)

.A

――――――――r

b)

.A

      ／r
    ／
  ／

c)

r│
 │
 │
 │
 │

 ·A

d)

――――r

A.

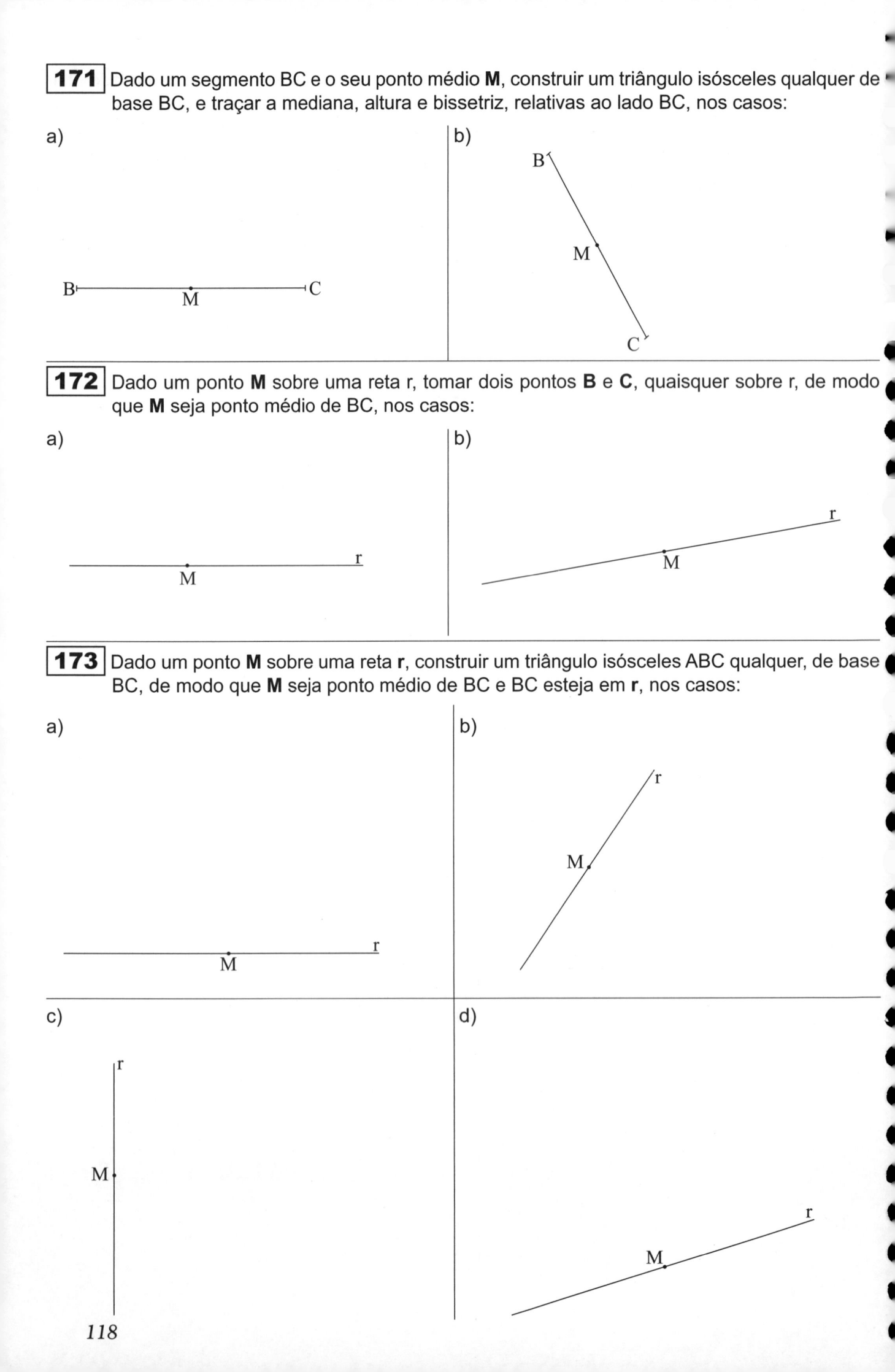

171 Dado um segmento BC e o seu ponto médio M, construir um triângulo isósceles qualquer de base BC, e traçar a mediana, altura e bissetriz, relativas ao lado BC, nos casos:

a)

b)

172 Dado um ponto M sobre uma reta r, tomar dois pontos B e C, quaisquer sobre r, de modo que M seja ponto médio de BC, nos casos:

a)

b)

173 Dado um ponto M sobre uma reta r, construir um triângulo isósceles ABC qualquer, de base BC, de modo que M seja ponto médio de BC e BC esteja em r, nos casos:

a)

b)

c)

d)

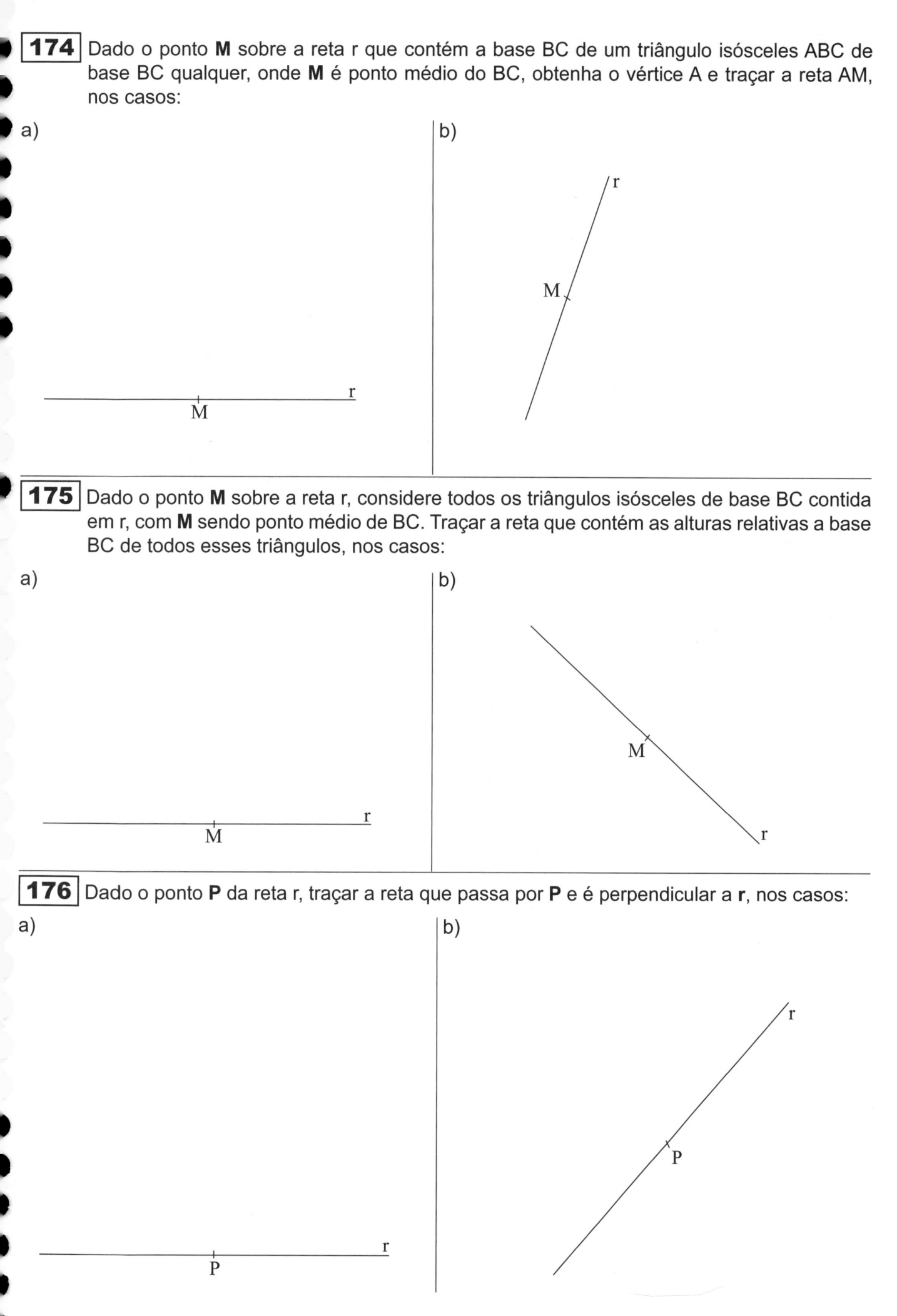

174 Dado o ponto **M** sobre a reta r que contém a base BC de um triângulo isósceles ABC de base BC qualquer, onde **M** é ponto médio do BC, obtenha o vértice A e traçar a reta AM, nos casos:

a)

b)

175 Dado o ponto **M** sobre a reta r, considere todos os triângulos isósceles de base BC contida em r, com **M** sendo ponto médio de BC. Traçar a reta que contém as alturas relativas a base BC de todos esses triângulos, nos casos:

a)

b)

176 Dado o ponto **P** da reta r, traçar a reta que passa por **P** e é perpendicular a **r**, nos casos:

a)

b)

119

177 Dado o segmento BC, obtenha dois pontos distintos **P** e **Q** de modo que os triângulos PBC e QBC sejam isósceles de base BC, e trace a reta PQ, nos casos:

a)

B ────────────── C

b)

B

C

178 Dado o segmento BC, obtenha o ponto médio de BC, nos casos:

a)

B   C   r

b)

C r

B

179 Dados o ponto **P** e a reta r, obtenha um ponto Q qualquer, distinto de **P**, de modo que PBC e QBC sejam isósceles de base BC, com BC em **r**, nos casos:

a)

. P

r

b)

r

P·

180 Traçar pelo ponto **P** a reta perpendicular à reta r, nos casos:

a)

. P

r

b)

· P

r

181 Traçar pelo ponto P a reta perpendicular a reta **r**, nos casos:

a)

b)

c)

d)

182 Desenhar um losango qualquer de modo que o segmento BD dado seja uma de suas diagonais, nos casos:

a)

b)

183 Sendo o segmento BD dado uma diagonal de um losango, traçar a reta que contém a outra diagonal, nos casos:

a)

b)

184 Traçar a mediatriz do segmento AB, nos casos:

a)

A ├──────────────┤ B

b)

185 Determinar o ponto médio de AB, nos casos:

a)

A ├──────────────┤ B

b)

186 Determinar o ponto médio de AB, nos casos: Dados o ponto **A** e a reta **r** que contém a diagonal BD de um losango ABCD, escolhendo uma medida qualquer para ser a medida do lado desse losango, construir esse losango, nos casos:

a)

·A

─────────────── r

b)

·A

────────── r

187 Dados o ponto **A** e a reta **r** que contém a diagonal BD de um losango ABCD, obtenha o vértice C desse losango, nos casos:

a)

·A

─────────────── r

b)

·A

────────── r

188 Dados um ponto **P** e uma reta r que não passa por **P**, sendo **P** um vértice de um losango que tem uma diagonal em **r**, traçar a reta que contém a outra diagonal, nos casos:

a)

b)

189 Dados o ponto **P** e uma reta r, traçar por **P** a reta perpendicular a **r**, nos casos:

a)

b)

190 Em cada caso é dado um ângulo. Construir um losango qualquer, de modo que o ângulo dado seja um de seus ângulos, nos casos:

a)

b)

c)

d)

123

191 Em cada caso é dado um ângulo de um losango, traçar a reta que contém a diagonal desse losango que tem uma extremidade no vértice desse ângulo.

a)

b)

192 Traçar a bissetriz do ângulo dado, nos casos:

a)

b)

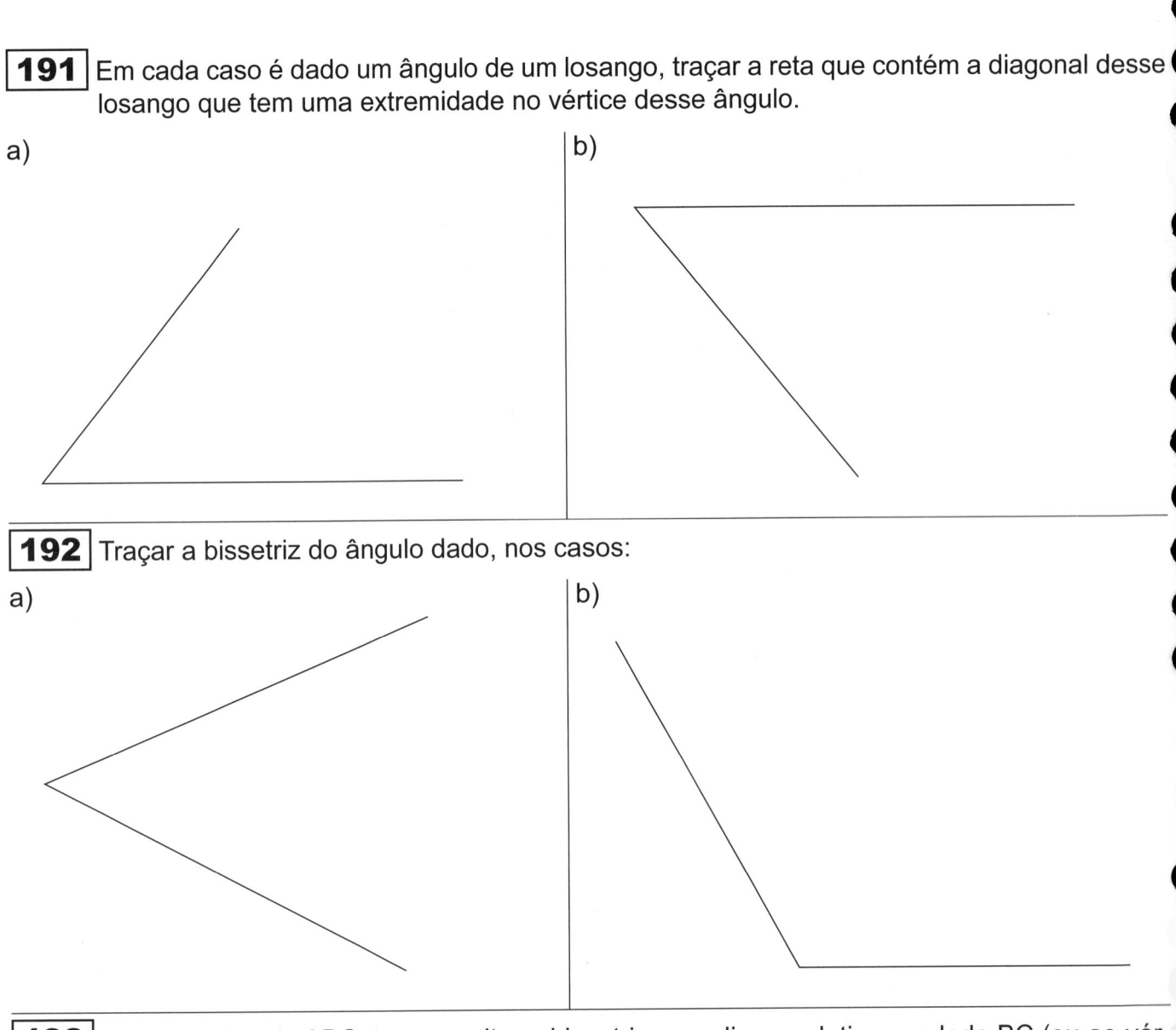

193 Dado o triângulo ABC, traçar a altura, bissetriz e mediana, relativas ao lado BC (ou ao vértice A).

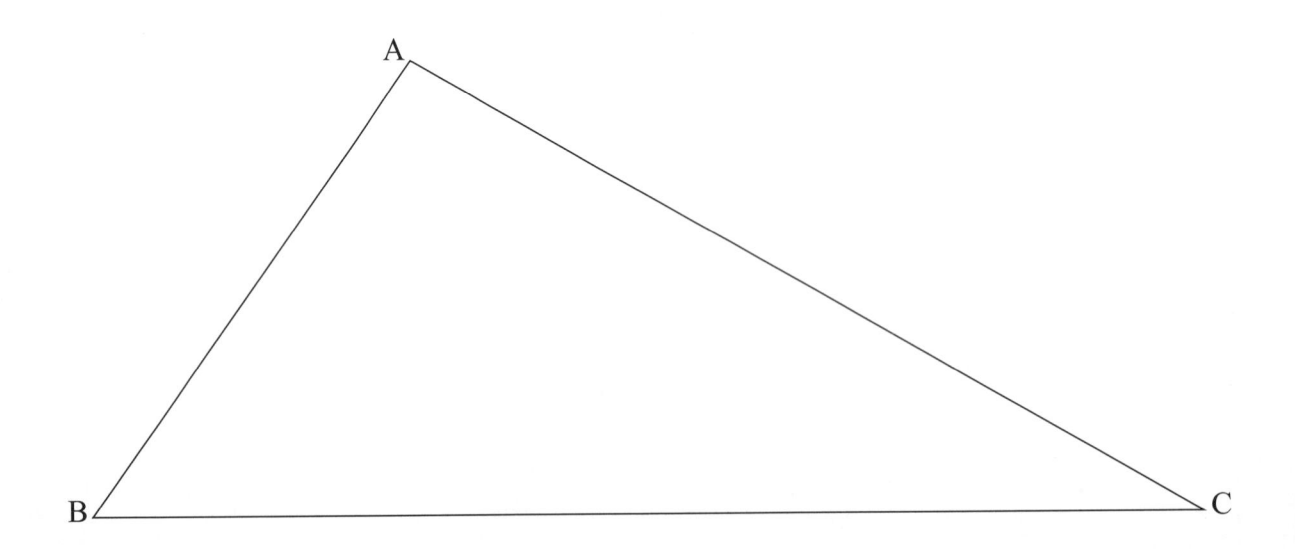

194 Construir um

a) quadrado de lado **a**

|———— a ————|

b) retângulo de lados **a** e **b**

|———— a ————|
|————————— b —————————|

195 Construir um triângulo retângulo, nos casos:

a) com catetos **b** e **c**

|———— b ————|
|—————— c ——————|

b) com cateto **b** e hipotenusa **a**

|———— b ————|
|—————————— a ——————————|

196 Em cada caso é dado um segmento AB.

a) Traçar a sua mediatriz

A
 \
  \
   B

b) Achar o seu ponto médio

   A
  /
 /
B

c) Divida-o em 4 partes de medidas iguais.

A |————————————————————————————| B

197 Construir um quadrado cujo lado mede a metade do segmento AB dado.

A ⊢———————————⊣ B

198 Construir um retângulo cujos lados medem $\frac{1}{4}(AB)$ e $\frac{3}{4}(AB)$, dado o segmento AB.

A ⊢———————————⊣ B

199 Construir um losango dadas as diagonais a e b.

⊢———————— a ————————⊣
⊢———————— b ————⊣

2 – Triângulo retângulo

1) Ângulos agudos

"Os ângulos agudos de um triângulo retângulo são complementares"

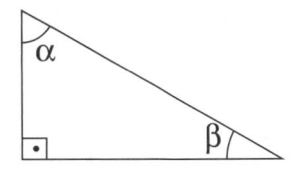

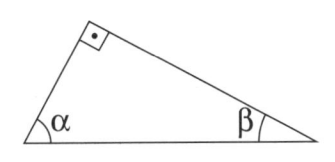

$$\alpha + \beta + 90° = 180° \Rightarrow \boxed{\alpha + \beta = 90°}$$

Obs: Quando ele for isósceles, teremos: $\alpha = \beta = 45°$.

2) Mediana medindo metade do lado não adjacente

"Se uma mediana de um triângulo mede a metade do lado ao qual ela é relativa, então esse triângulo é triângulo retângulo e esse lado é a hipotenusa do triângulo.

Sendo r a medida da mediana, então o lado em questão medirá 2r.

Note que a mediana em questão determina no triângulo dois triângulos isósceles e como os ângulos da base de um triângulo isósceles são congruentes, sendo as medidas, dos ângulos agudos do triângulo, temos:

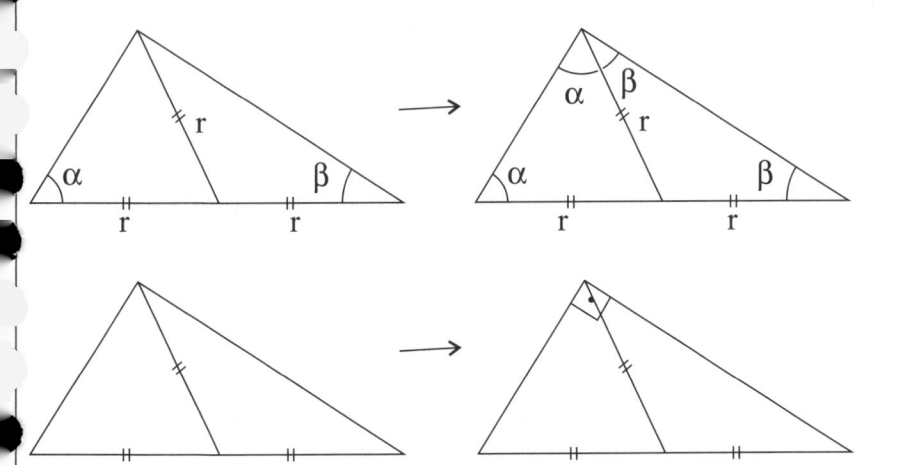

$$\alpha + \beta + \alpha + \beta = 180°$$
$$(\alpha + \beta) + (\alpha + \beta) = 180°$$
$$\boxed{\alpha + \beta = 90°}$$

3) Um lado de um triângulo é o diâmetro da circunferência circunscrita

"Todo triângulo inscrito em uma circunferência, onde um lado é diâmetro dela, é um triângulo retângulo e esse lado é a sua hipotenusa.

Basta traçarmos o raio que vai até o vértice oposto ao diâmetro em questão que cairemos no item anterior.

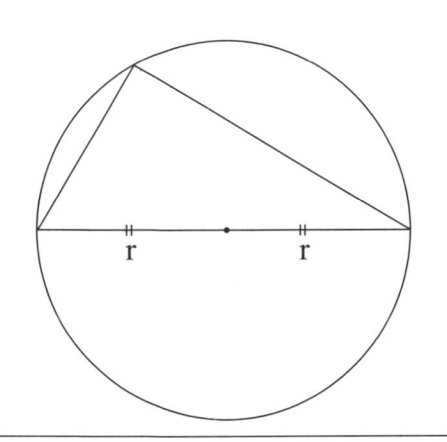

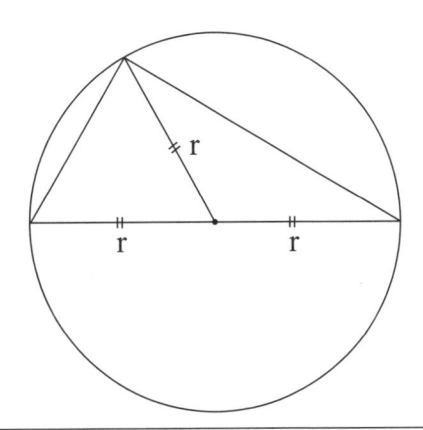

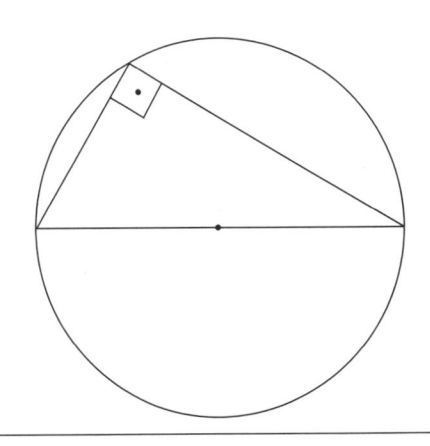

3 – Ângulo com régua e compasso

1) Congruência de isósceles (LLL)

Se a base e os lados oblíquos à ela de um triângulo isósceles são congruentes (medidas iguais) respectivamente, à base e ao lados oblíquos à ela de outro triângulo isósceles, então esses triângulos são congruentes (caso LLL de congruência de triângulos). E como consequência, os ângulos da base de um são congruentes aos ângulos da base do outro e o ângulo oposto a base de um é congruente ao ângulo oposto à base do outro.

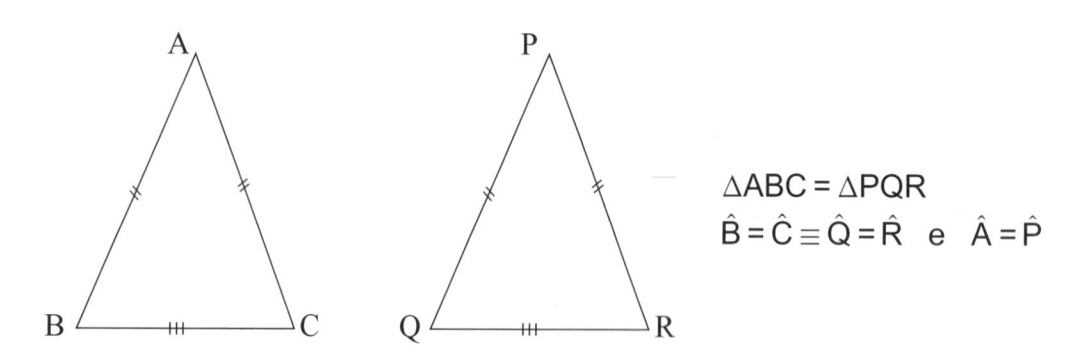

$$\triangle ABC = \triangle PQR$$
$$\hat{B} = \hat{C} \equiv \hat{Q} = \hat{R} \quad e \quad \hat{A} = \hat{P}$$

Desta forma, dado um triângulo isósceles, se contruirmos um triângulo congruente a ele, acabamos por construir também, um ângulo congruente ao ângulo oposto à base do triângulo dado. Este é um método que nos permite construir um ângulo congruente a um ângulo dado.

2) Transporte de ângulo

Dado um ângulo aQ̂b e uma semi-reta Pc, construir, em um dos semiplanos com origem na reta de Pc, um ângulo congruente a aQ̂b, de modo que um de seus lados seja Pc.

1º) Traçarmos um arco de centro **Q** e raio **r** qualquer, que corta Qa e Qb nos pontos **A** e **B**. O triângulo AQB obtido é isósceles de base AB.

2º) Traçarmos um arco de centro **P** e raio também **r**, no semiplano escolhido, que corta Pc no ponto **C**.

3º) Traçarmos um arco de centro **C** e raio AB, que corta o arco anterior no ponto **D**.

O triângulo CPD obtido é isósceles de base CD, congruente ao AQ̂B. Logo, é congruente a CP̂D, isto é, $\hat{P} = \hat{Q}$.

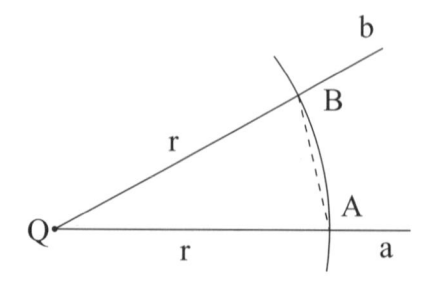

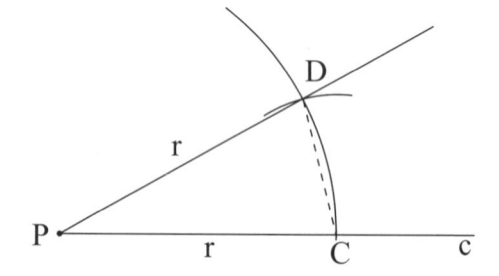

3) Soma de ângulos e diferença de ângulos

Dados dois ângulos de medidas α e β, $\alpha > \beta$, determinar um ângulo cuja medida seja $\alpha + \beta$ e um ângulo cuja medida $\alpha - \beta$.

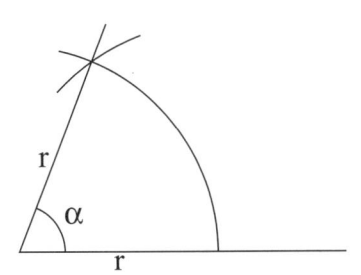

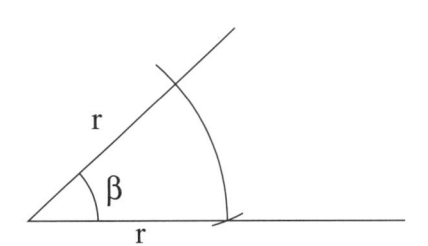

1º) Traçarmos arcos com raios de medidas r, qualquer, com centros nos vértices dos ângulos dados e na origem de uma semi-reta Ps qualquer. Seja A o ponto onde o arco de centro em **P** corta s.

2º) Para obter a soma, no arco com uma extremidade **A**, tomamos um ponto **B**, sendo que o arco $\overline{AB}$ seja a soma dos arcos determinados pelos lados dos ângulos de medidas α e β dados. Obtém-se, desta forma, um ângulo $A\hat{P}B$ tal que $A\hat{P}B = \alpha + \beta$.

3º) Para obter a **diferença**, no arco com uma extremidade **A**, tomamos um ponto C, sendo que o arco $\overline{AC}$ seja a **diferença** dos arcos determinados pelos lados dos ângulos de medidas α e β dados. Obtenha-se, destas forma, um ângulo $A\hat{P}C$ tal que $A\hat{P}C = \alpha - \beta$.

Soma   **Diferença**

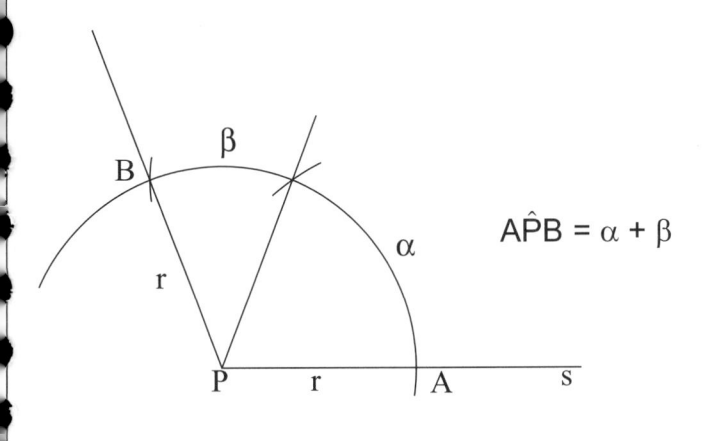

$A\hat{P}B = \alpha + \beta$ $A\hat{P}C = \alpha - \beta$

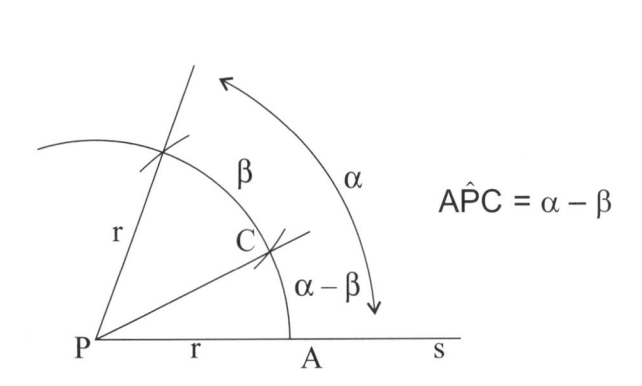

4) Terceiro ângulo de um triângulo

Dados dois ângulos de um triângulo (β e γ), vejamos como determinar o terceiro ângulo(α) desse triângulo.

Como a soma dos ângulos de um triângulo é 180º, basta somarmos β e γ determinarmos o suplemento dessa soma:

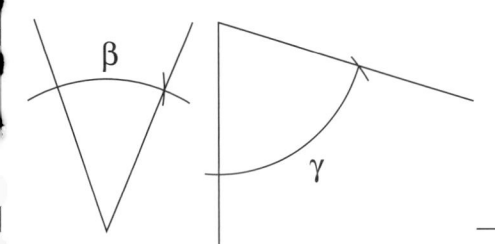

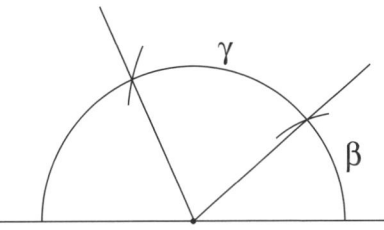

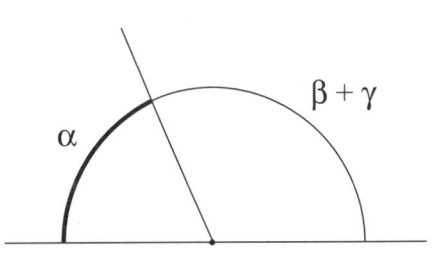

200 Em cada figura são dados dois ângulos externos de um triângulo. Indicar na figura a medida do terceiro ângulo externo.

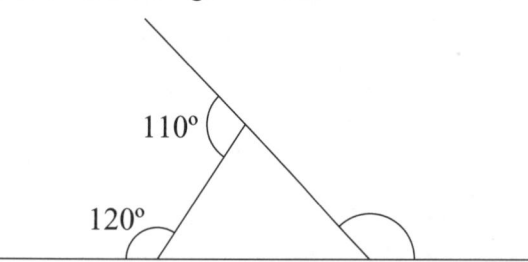

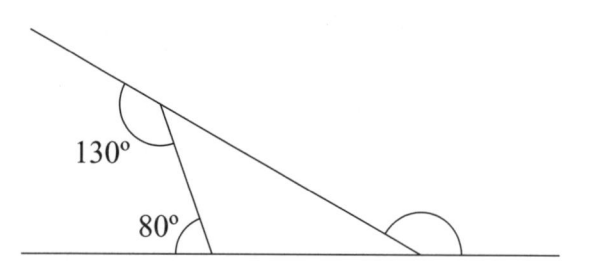

201 Em cada caso é dado um triângulo ABC com a mediana relativa ao lado BC medindo a metade deste. Determine a medida de BÂC.

a) BÂC =

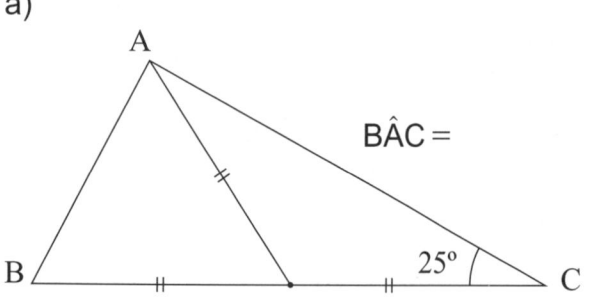

b) BÂC =

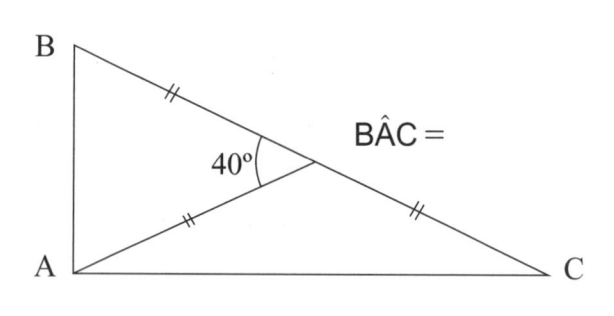

202 De um triângulo ABC sabemos que a mediana relativa ao lado BC mede a metade de BC (AM = BC : 2). Levando em conta as medidas indicadas na figura, indicar na figura os ângulos assinalados e completar as igualdades.

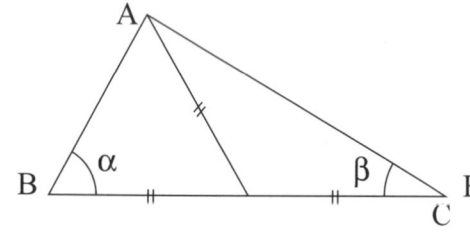

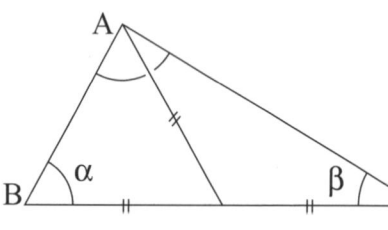

$\alpha + \beta + + =$

$(\alpha + \beta) + (+) =$

$\alpha + \beta =$

BÂC =

203 Em cada caso é dado uma circunferência de diâmetro BC. Indicar na figura as medidas dos ângulos assinalados.

a)

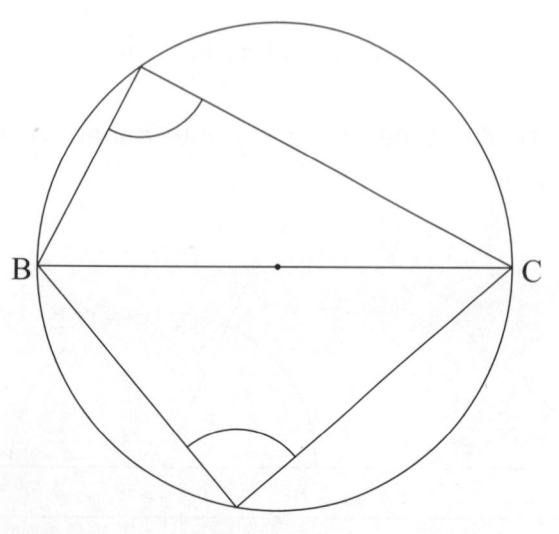

b)

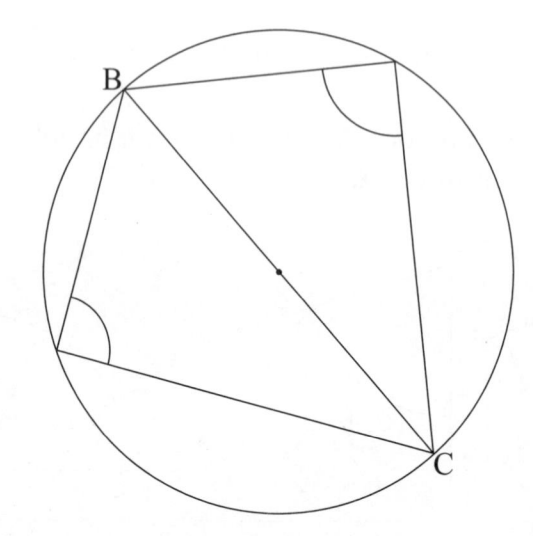

130

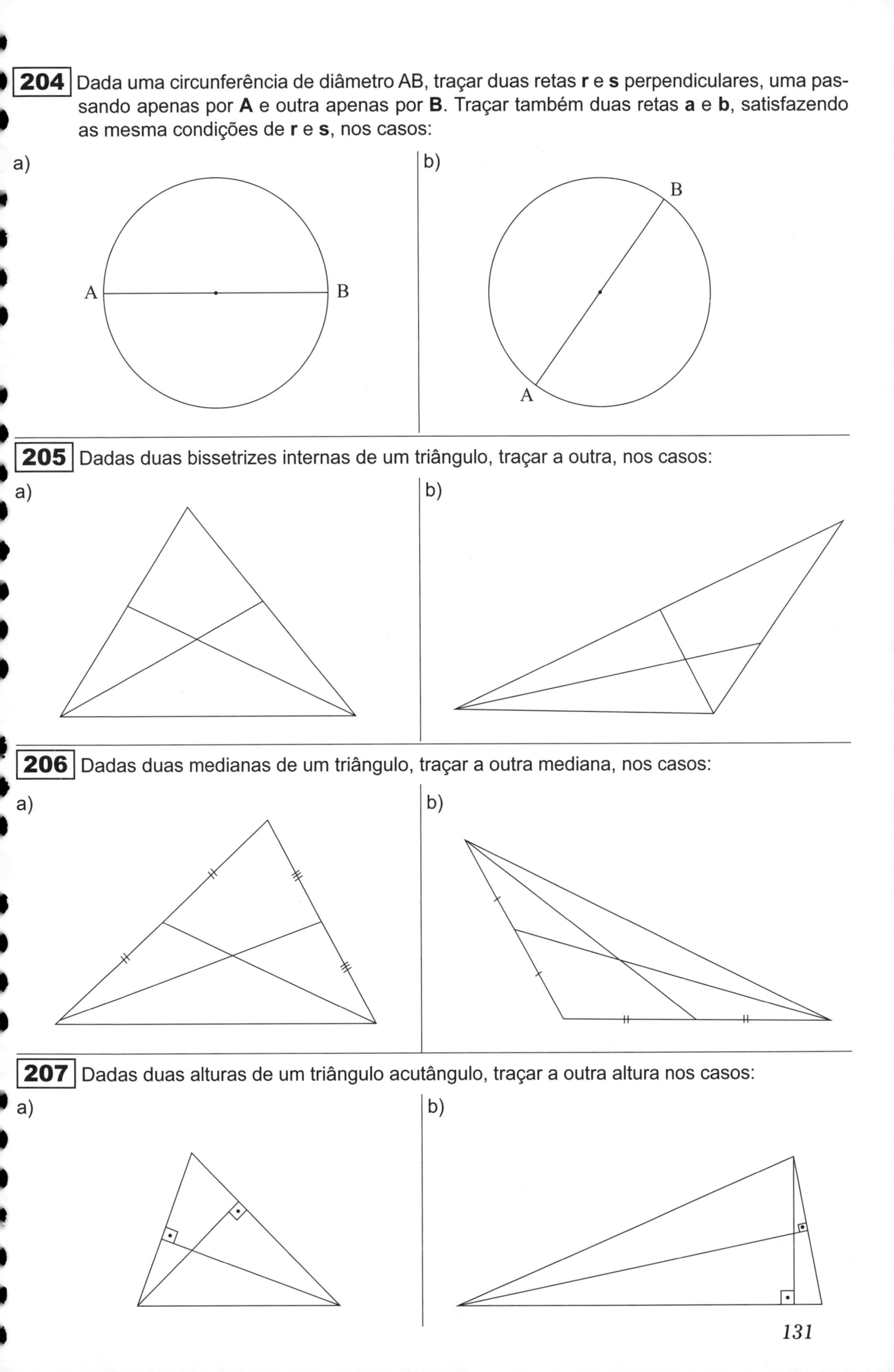

204 Dada uma circunferência de diâmetro AB, traçar duas retas **r** e **s** perpendiculares, uma passando apenas por **A** e outra apenas por **B**. Traçar também duas retas **a** e **b**, satisfazendo as mesmas condições de **r** e **s**, nos casos:

a)

b)

205 Dadas duas bissetrizes internas de um triângulo, traçar a outra, nos casos:

a)

b)

206 Dadas duas medianas de um triângulo, traçar a outra mediana, nos casos:

a)

b)

207 Dadas duas alturas de um triângulo acutângulo, traçar a outra altura nos casos:

a)

b)

208 Em cada caso é dado um triângulo obtusângulo e duas de suas alturas. Traçar a outra.

a)

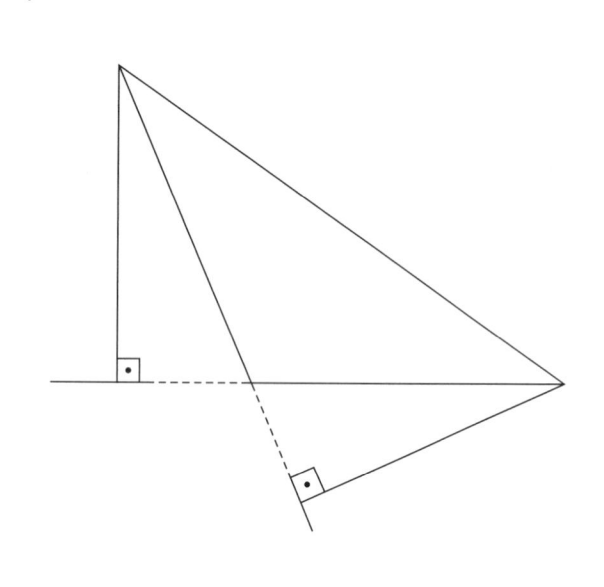

b)

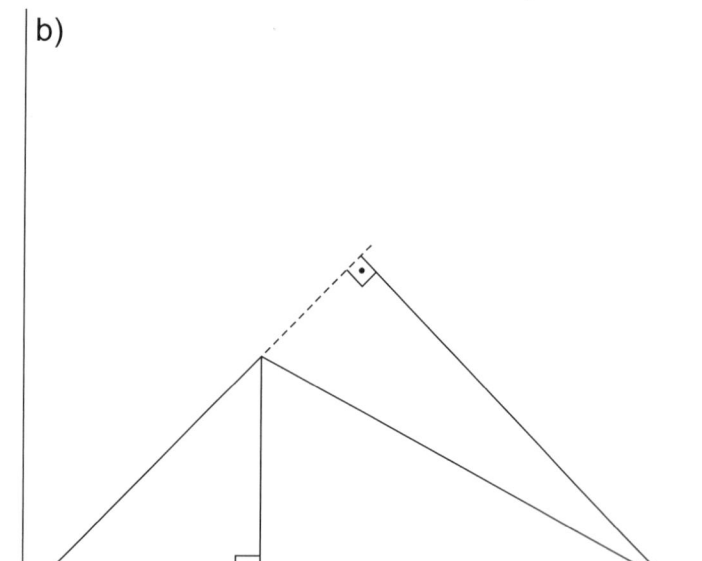

209 Em cada caso são dados dois triângulos retângulos de hipotenusa BC em comum, com dois catetos concorrentes. Traçar pela intersecção dos catetos, usando apenas régua, a reta perpendicular à hipotenusa BC.

a)

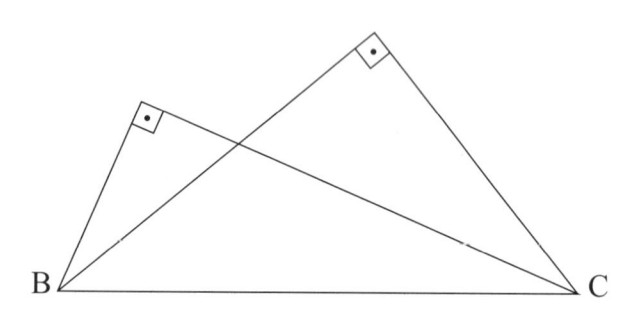

b)

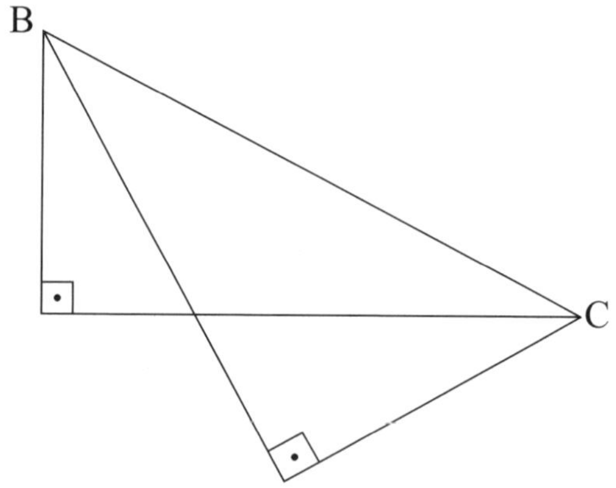

210 Dados dois triângulos retângulos de hipotenusa BC em comum, traçar usando apenas régua, pelo ponto de intersecção das retas que contêm os catetos que não têm extremidades em comum, a reta que é perpendicular à hipotenusa BC.

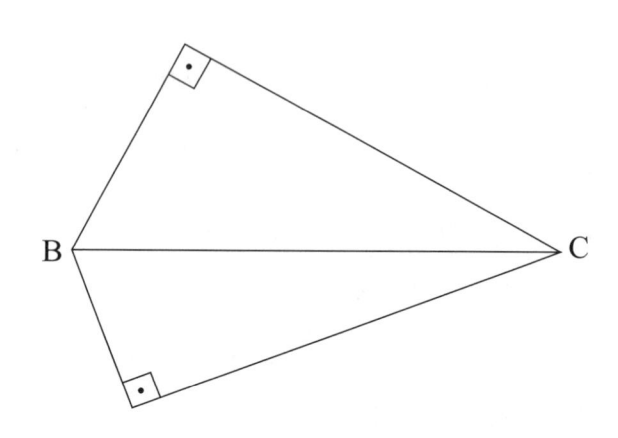

211 Traçar a mediatriz do segmento AB, nos casos:

a)

A ⊢———————⊣ B

b)

A ⟍
　　⟍
　　　⟍
　　　　⟍
　　　　　↘ B

c)

A ⊢————————⊣ B

d)

A ⊤
　│
　│
　│
　│
B ⊥

212 Determine o ponto médio do segmento AB, nos casos:

a)

A ⊢———————⊣ B

b)

　　　　　　↗ B
　　　　⟋
　　⟋
A ⟋

213 Traçar a circunferência de diâmetro AB, nos casos:

a)

A ⊢————————⊣ B

b)

A ⟍
　⟍
　　⟍
　　　⟍
　　　　↘ B

214 Traçar dois triângulos retângulos quaisquer de hipotenusa BC, usando o compasso apenas para achar o ponto médio de BC e traçar a circunferência de diâmetro BC.

a)

A ├────────────────┤ B

b)

A
 ╲
  ╲
   ╲
    ╲
     ╲
      ╲
       ╲
        B

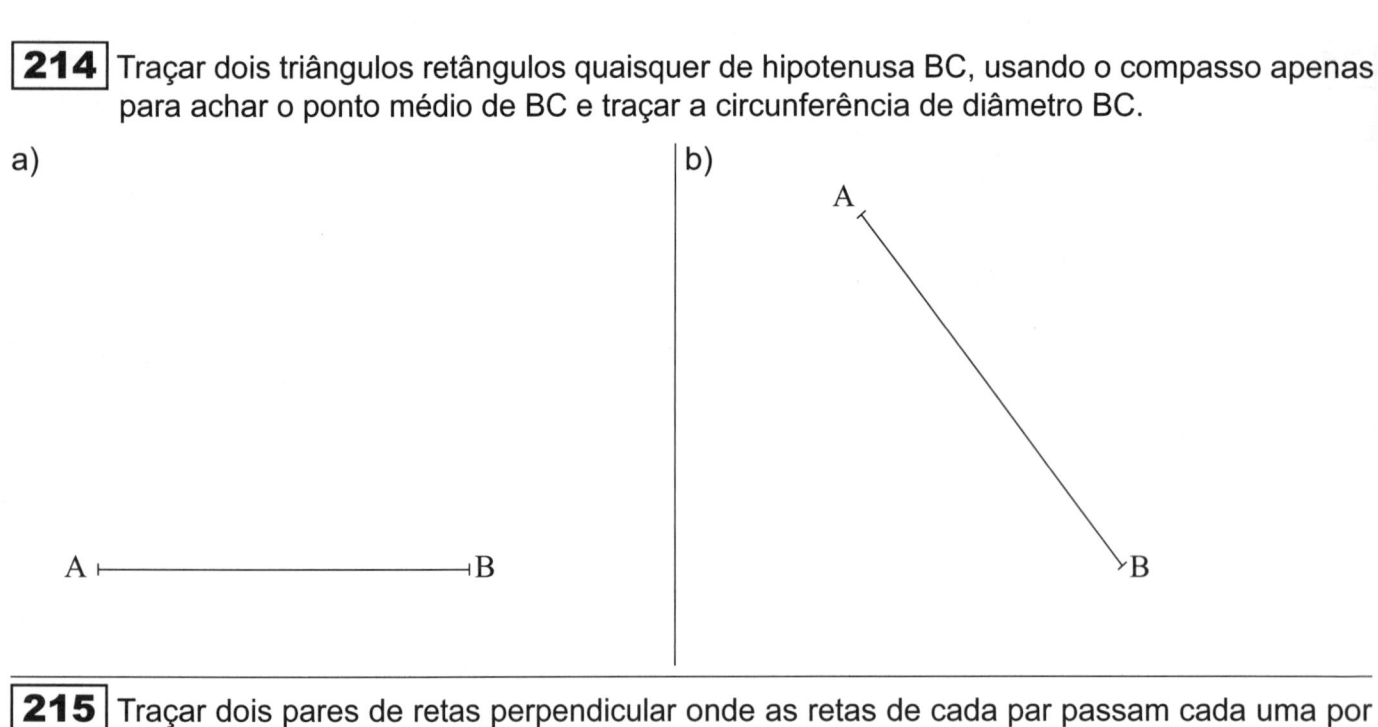

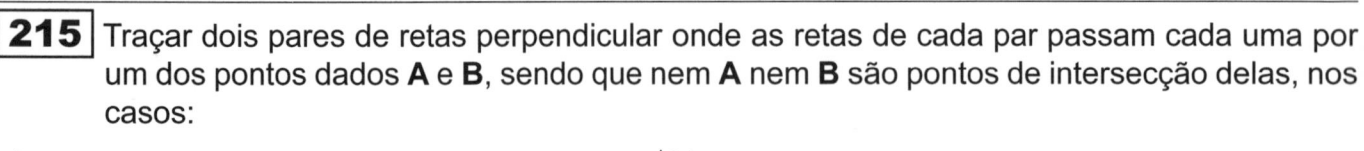

---

215 Traçar dois pares de retas perpendicular onde as retas de cada par passam cada uma por um dos pontos dados **A** e **B**, sendo que nem **A** nem **B** são pontos de intersecção delas, nos casos:

a)

A•

B•

b)

•B

A•

---

216 Dado um triângulo ABC e uma circunferência de diâmetro BC, traçar as alturas do triângulo relativas aos vértices **B** e **C**, nos casos:

a)

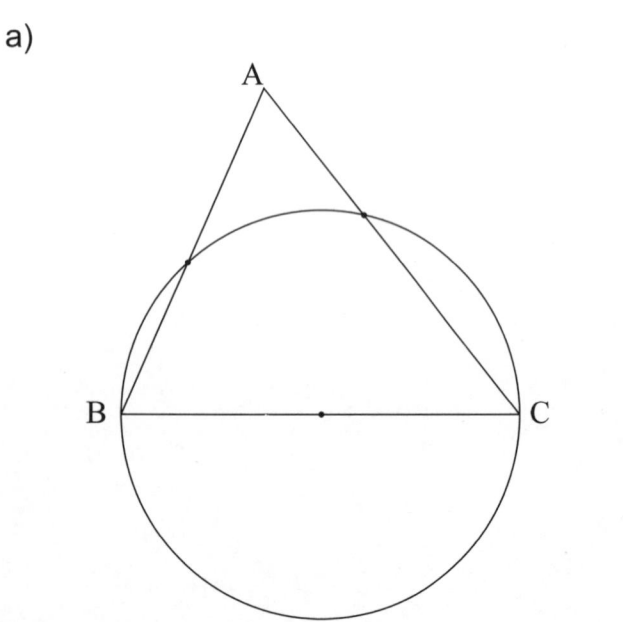

b)

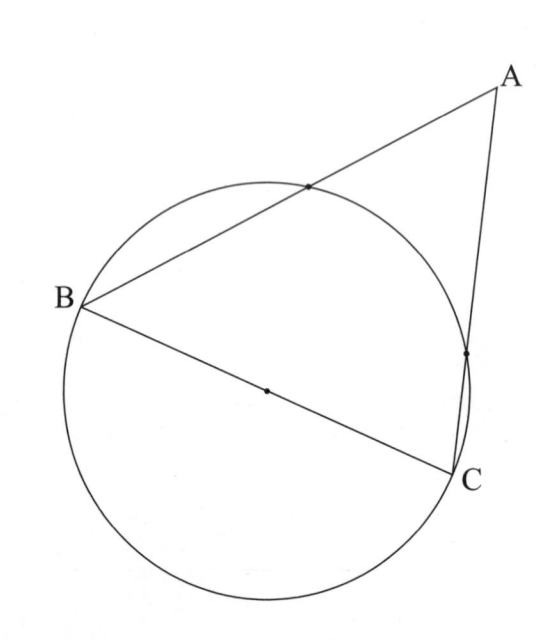

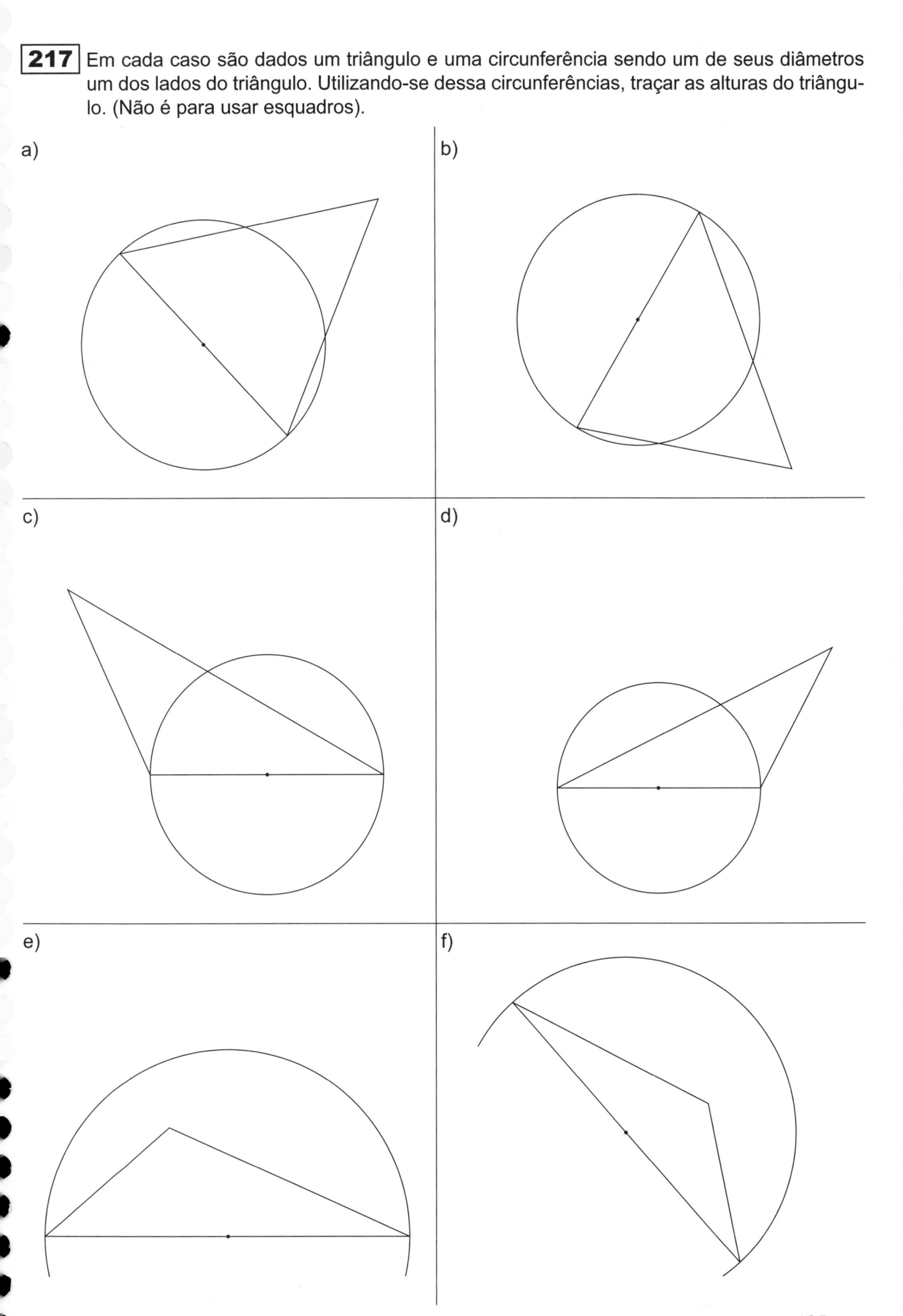

217 Em cada caso são dados um triângulo e uma circunferência sendo um de seus diâmetros um dos lados do triângulo. Utilizando-se dessa circunferências, traçar as alturas do triângulo. (Não é para usar esquadros).

a)

b)

c)

d)

e)

f)

218 Dado uma circunferência de diâmetro BC e um ponto **P** fora dessa circunferência e da reta BC, traçar usando apenas régua, a reta que passa por **P** e é perpendicular à reta BC.

a)

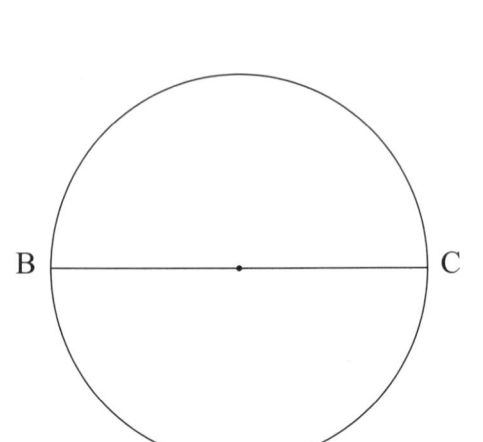

b)

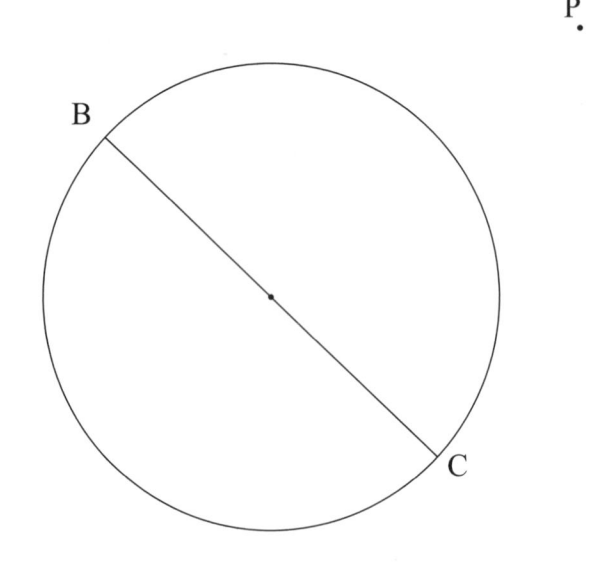

c)

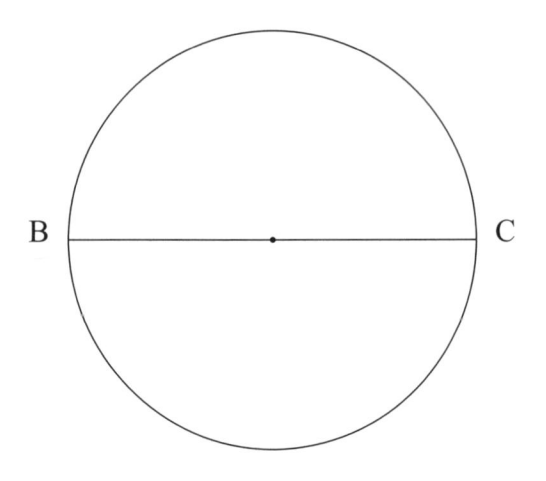

d)

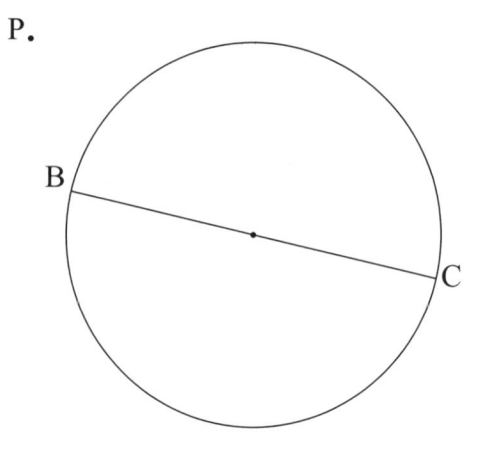

e)

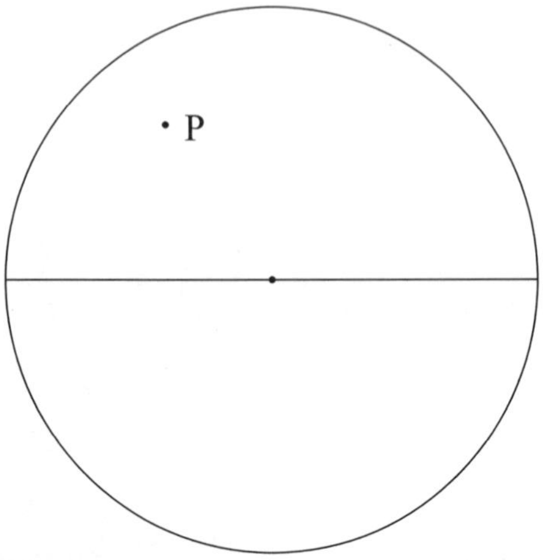

f)

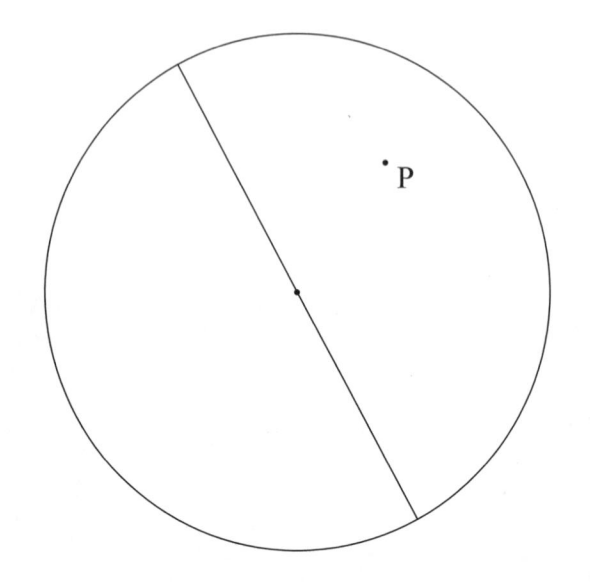

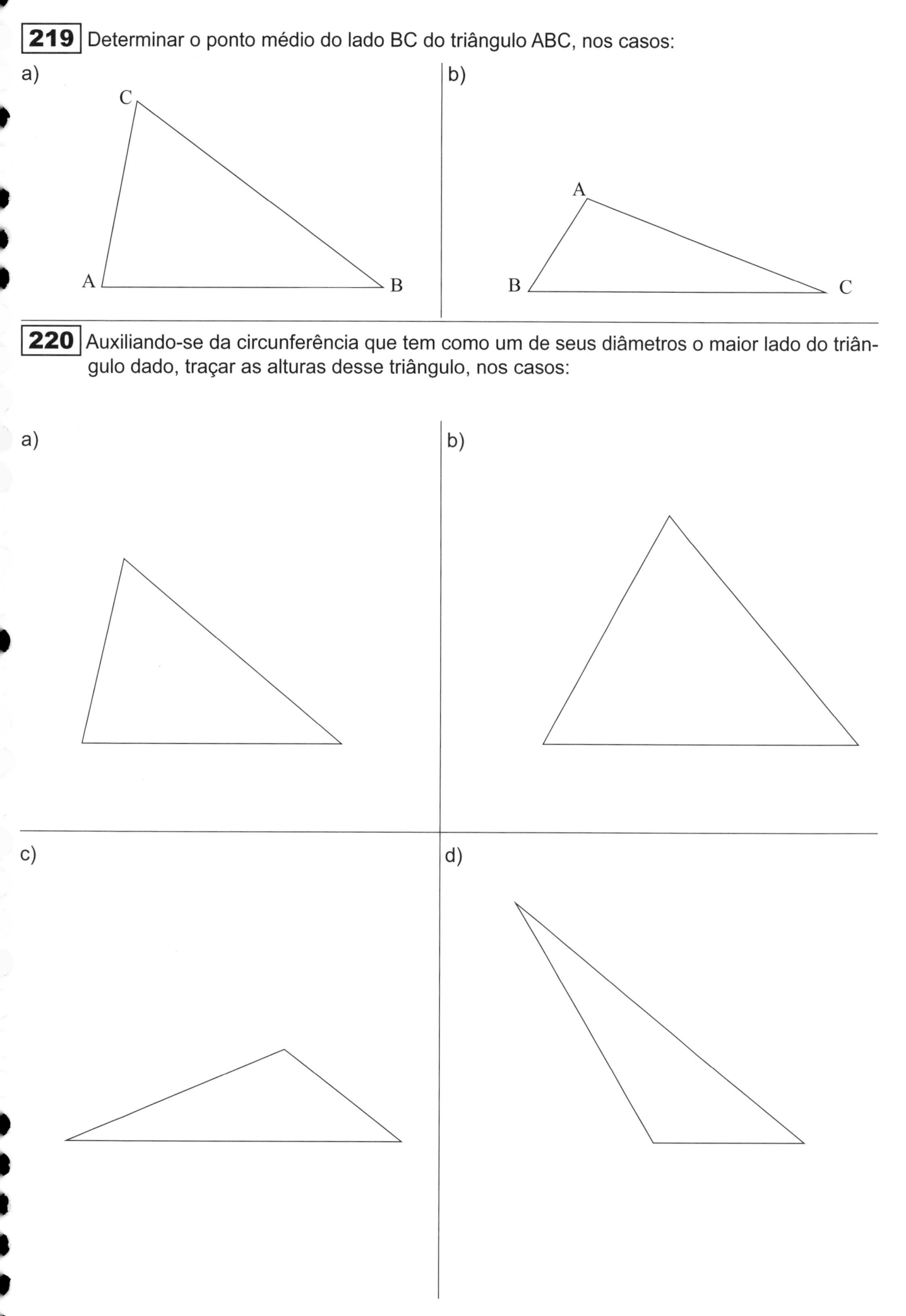

219 Determinar o ponto médio do lado BC do triângulo ABC, nos casos:

a)
b)

220 Auxiliando-se da circunferência que tem como um de seus diâmetros o maior lado do triângulo dado, traçar as alturas desse triângulo, nos casos:

a)

b)

c)

d)

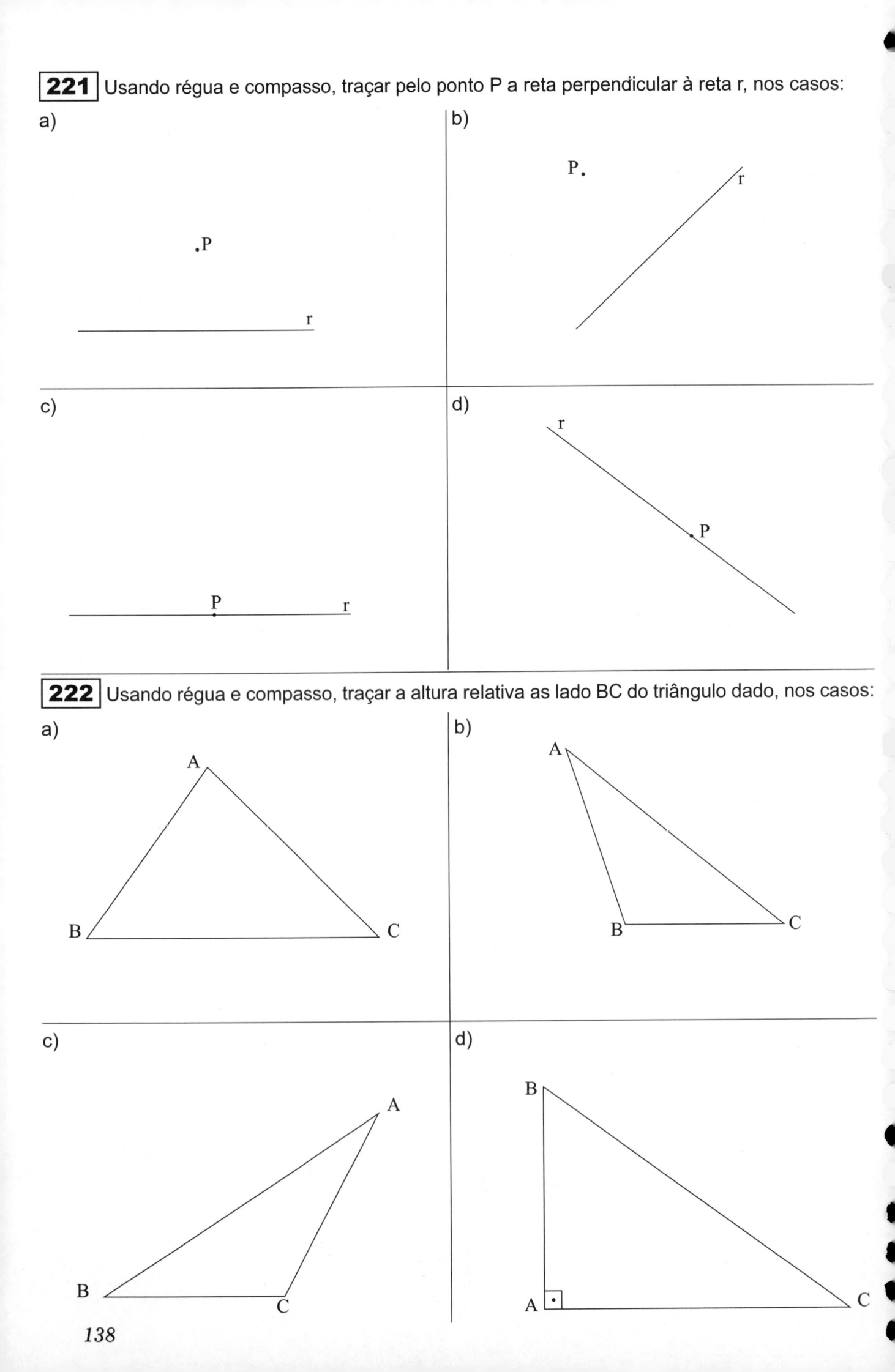

221 Usando régua e compasso, traçar pelo ponto P a reta perpendicular à reta r, nos casos:

a)

.P

r

b)

P.

r

c)

P   r

d)

r

.P

222 Usando régua e compasso, traçar a altura relativa as lado BC do triângulo dado, nos casos:

a)

A, B, C

b)

A, B, C

c)

A, B, C

d)

B, A, C

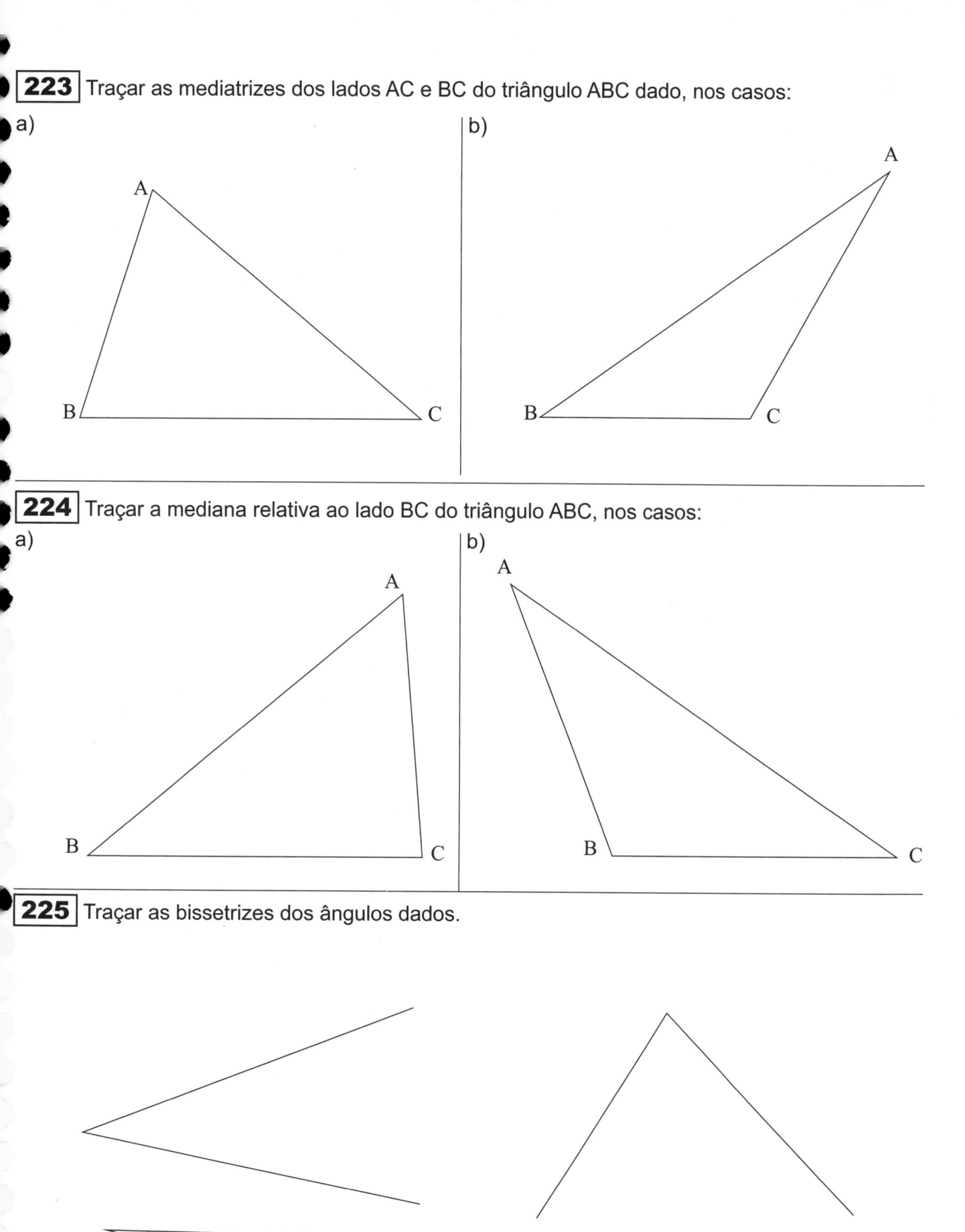

223 Traçar as mediatrizes dos lados AC e BC do triângulo ABC dado, nos casos:

a)

b)

224 Traçar a mediana relativa ao lado BC do triângulo ABC, nos casos:

a)

b)

225 Traçar as bissetrizes dos ângulos dados.

226 Traçar a bissetriz relativa ao vértice A do triângulo ABC, nos casos.

Obs: Quando falarmos apenas bissetriz de um triângulo, estamos nos referindo à interna.

a)

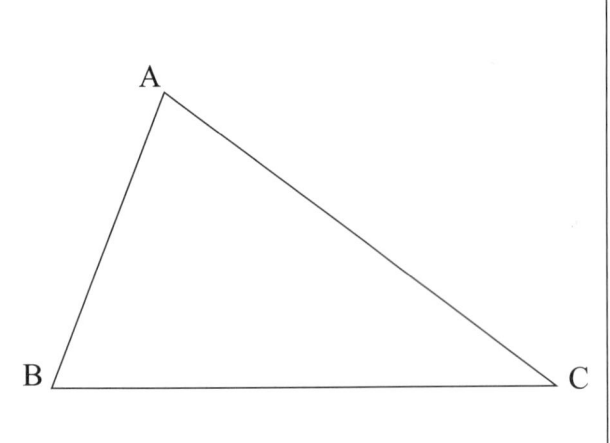

b)

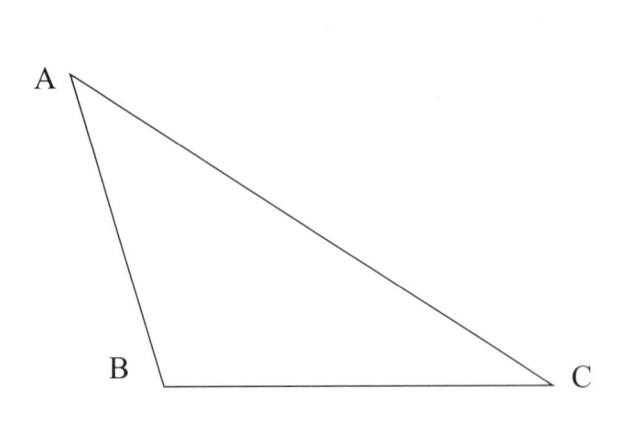

227 Determinar os incentros dos triângulos dados. (Bastam duas bissetrizes).

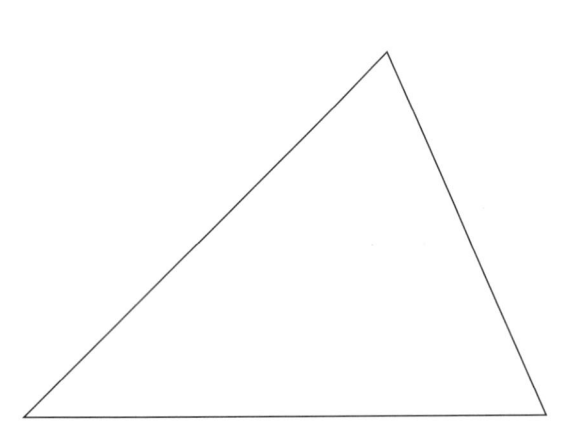

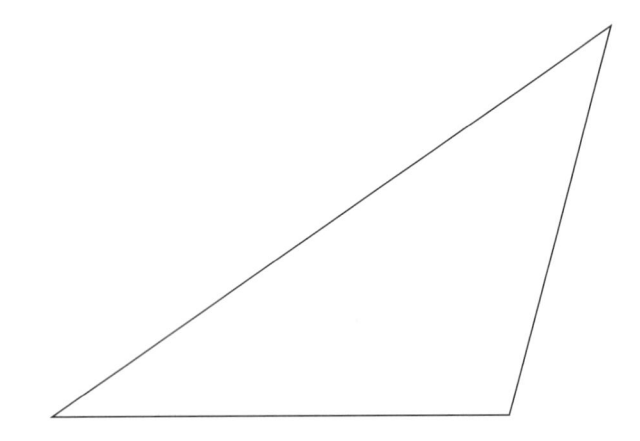

228 Determinar os **baricentros** dos triângulos dados. (Bastam duas medianas).

Obs: Para traçarmos a mediana precisamos traçar primeiramente a mediatriz de um lado.

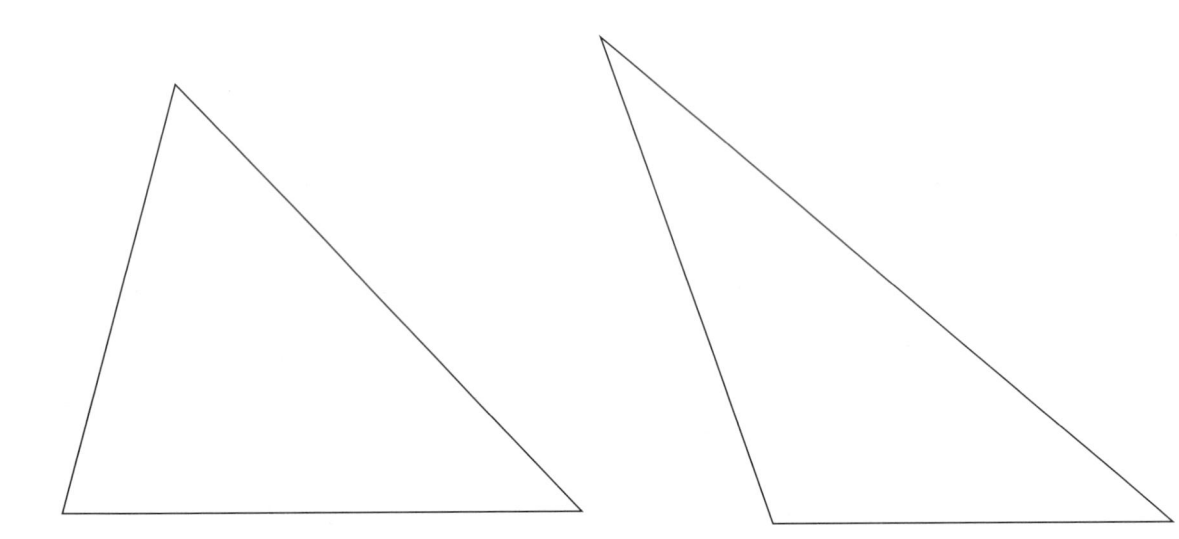

229 Determinar os circuncentros dos triângulos dados. (Bastam duas mediatrizes).

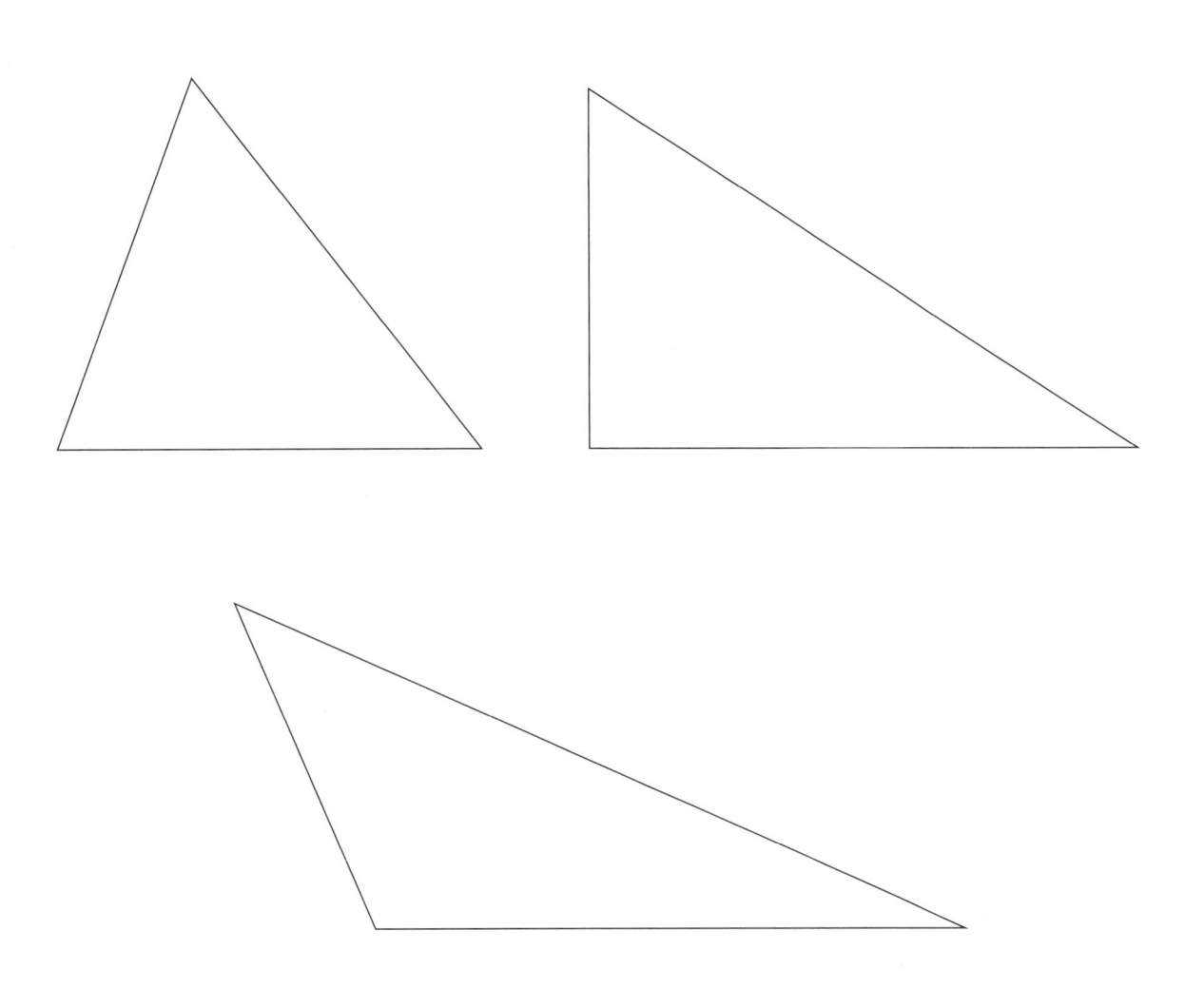

230 Determine os ortocentros dos triângulos dados. (Bastam as retas de duas alturas).

Obs: Procurar fazer esse exercício traçando uma única perpendicular com régua e compasso.

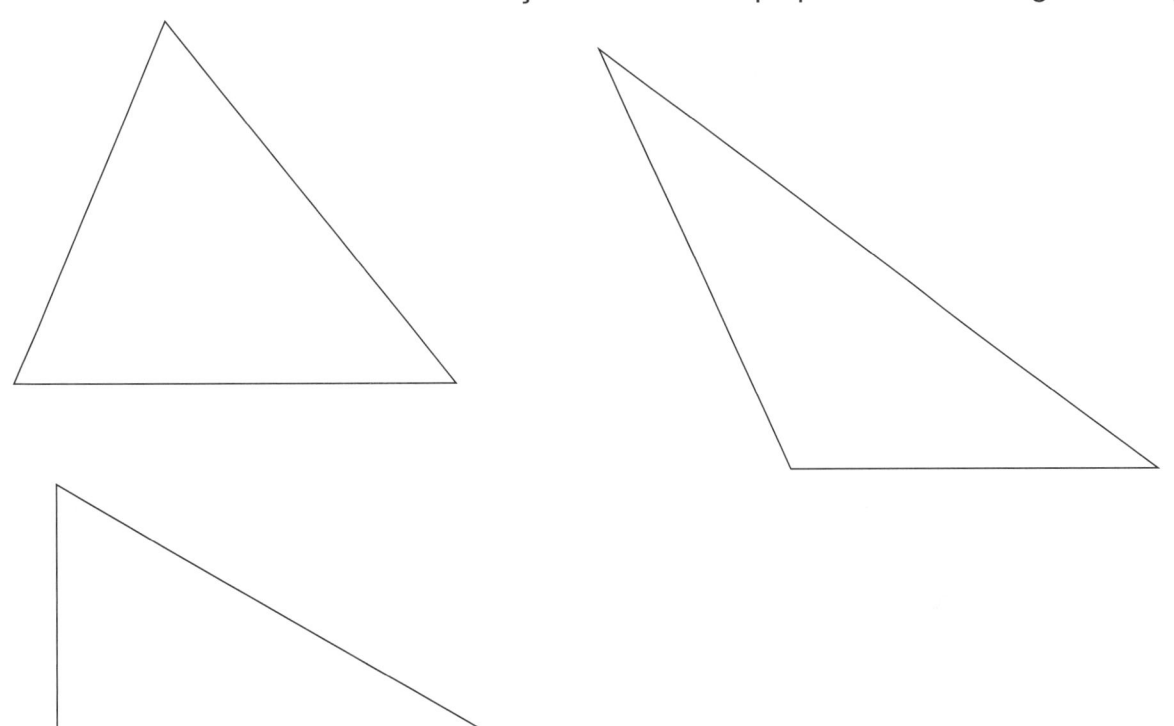

231 Traçar a altura, a bissetriz e a mediana relativas ao lado BC do triângulo ABC dado, nos casos:

a) Triângulo isósceles de base BC

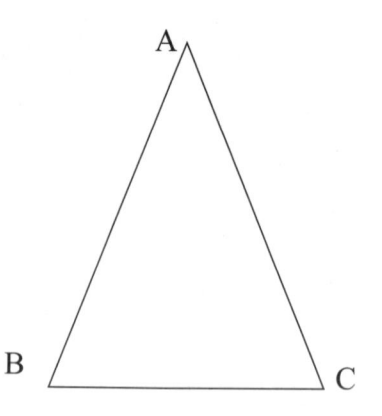

b) Triângulo equilátero

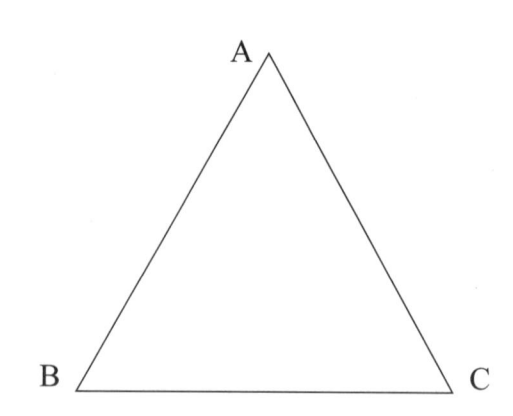

c)

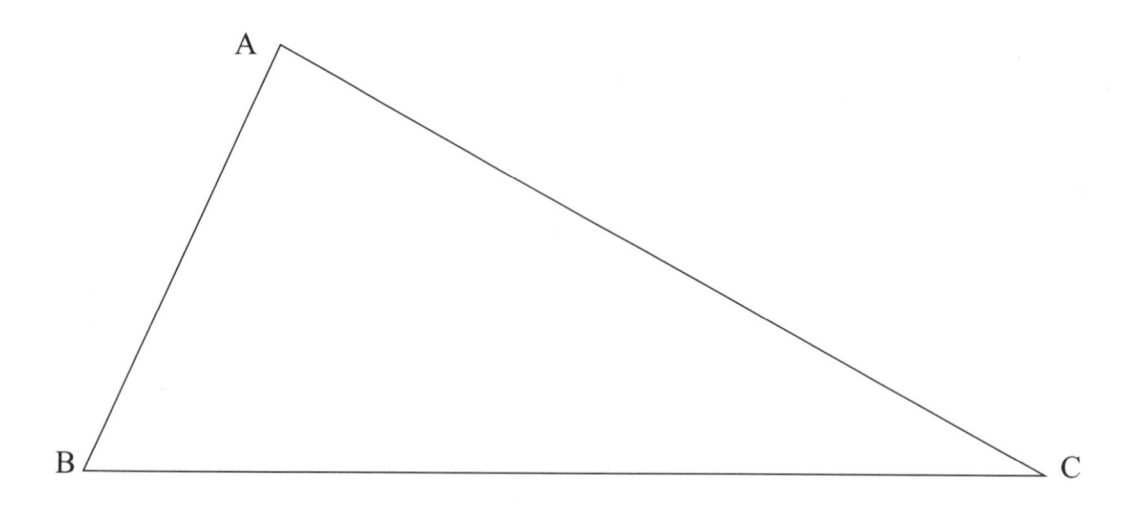

232 Dados os ângulos α e β, transportar, com compasso esses ângulos de modo que a semi-reta de origem **P** seja um lado de α e a de origem **Q** seja um lado de β.

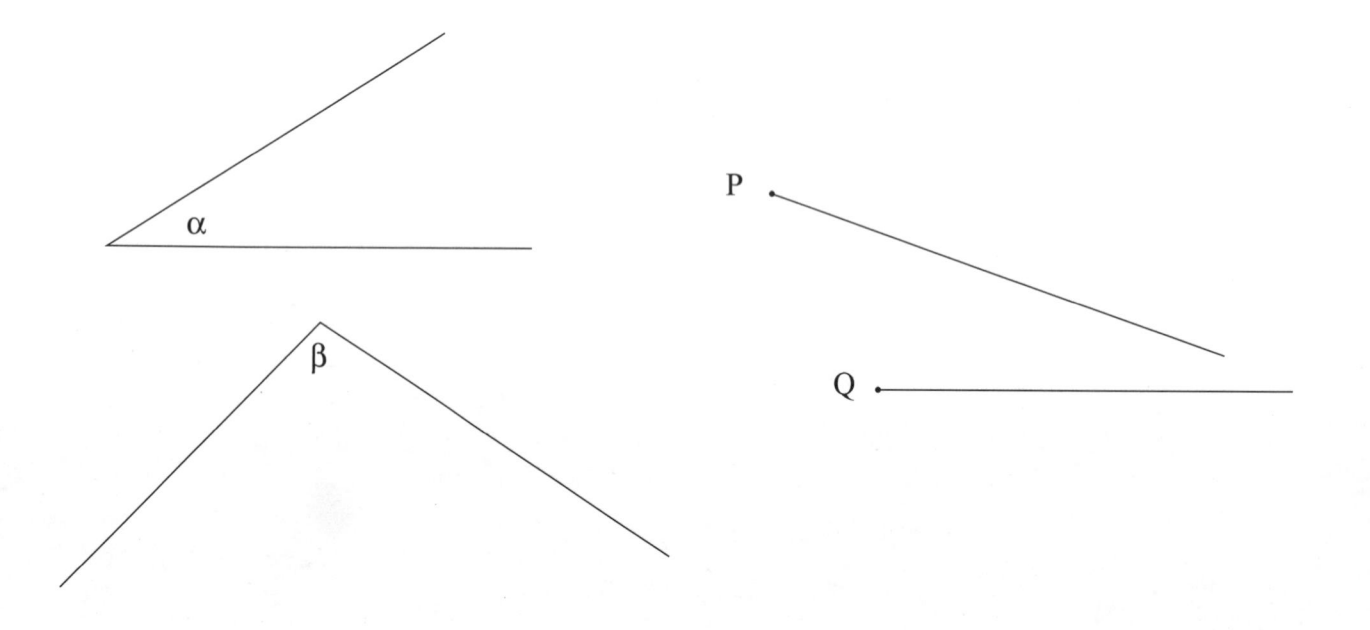

33 Dados os ângulos α e β, determine x = α + β e y = α – β.
Usar a semi-reta dada para ser um dos lados da resposta.

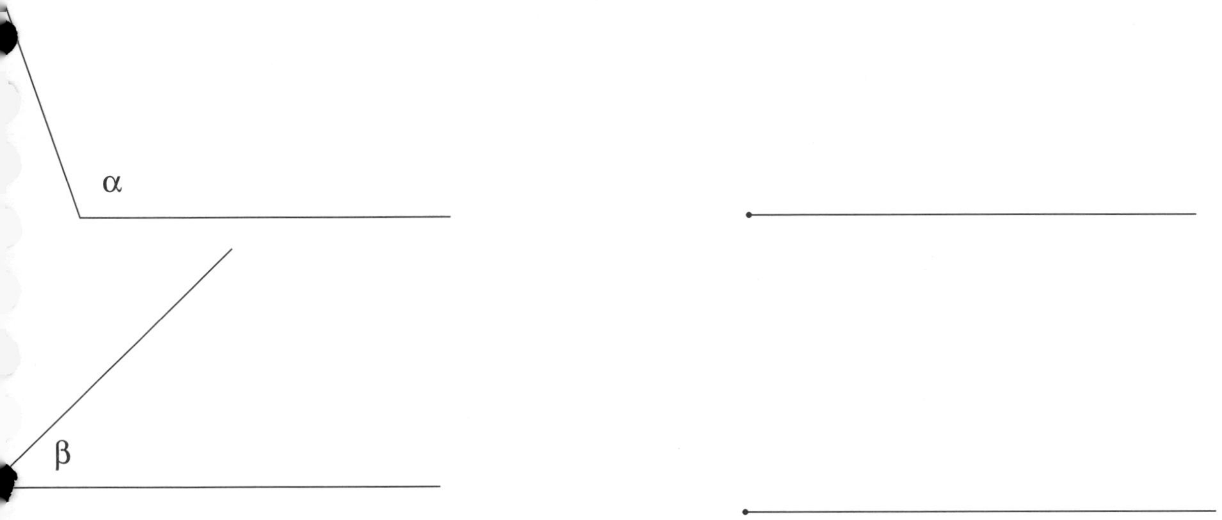

34 Dado α, obter 4α.

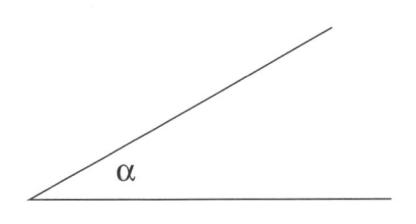

35 Construir um triângulo ABC dados AB, BC e AB̂C = β.

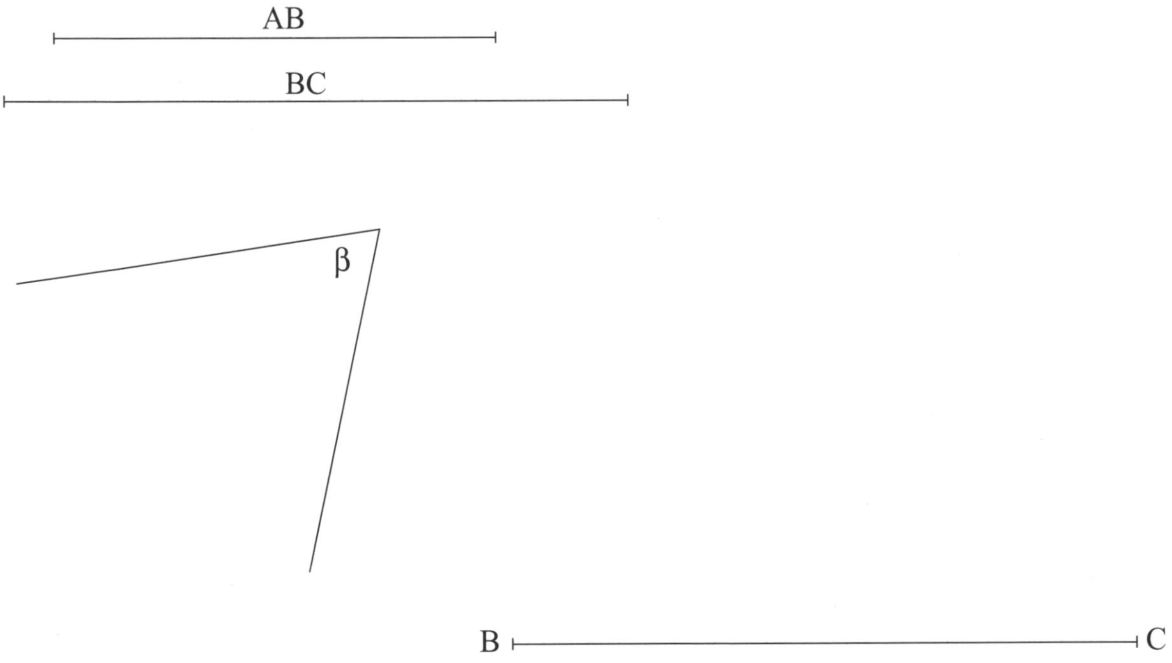

AB

BC

β

B ├─────────────────────────┤ C

236 Construir um triângulo ABC (completar o desenho), nos casos:

a) BC
AC
AĈB = γ

b) BC
AC
AB̂C = β

c) AC = BC
AĈB = γ

d) BC = 7 cm
AC = 11 cm
AB̂C = 3α

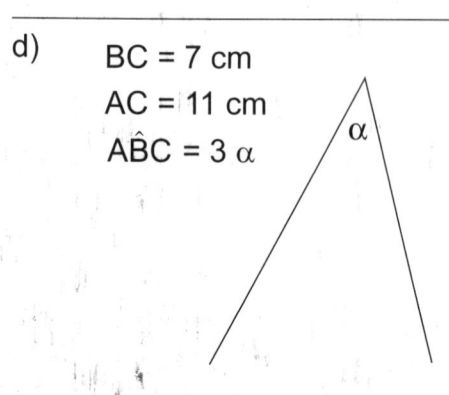

37 Construir um triângulo ABC, nos casos:

BC = 80 mm
AB̂C = β, AĈB = γ

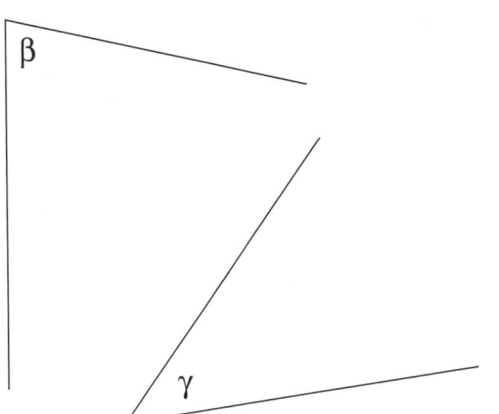

AC = 8,5 cm
AĈB = γ
BÂC = 4α

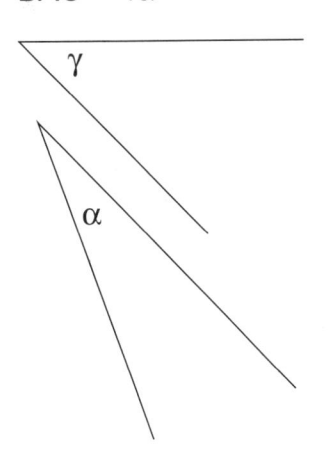

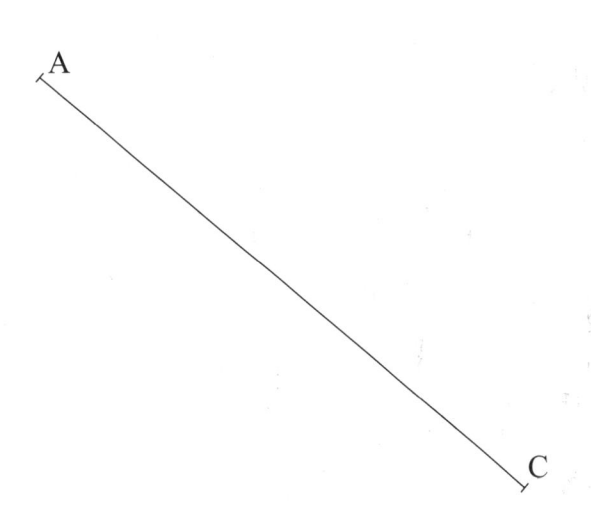

BC = 6 cm
Ĉ = γ
B̂ = 5γ

145

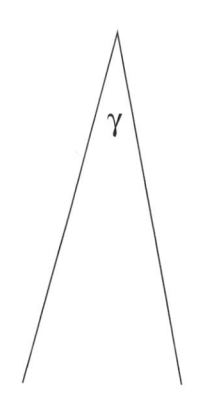

238 Dados α e β, determinar o suplemento de α + β, nos casos:

a)

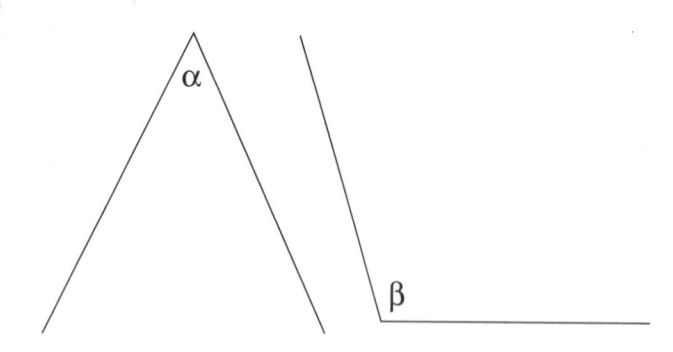

b)

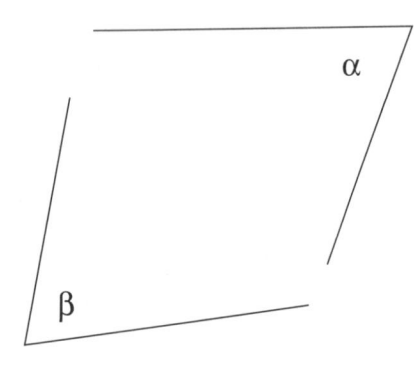

239 Sendo α e β dois ângulos internos de um triângulo, determine o outro ângulo interno desse triângulo.

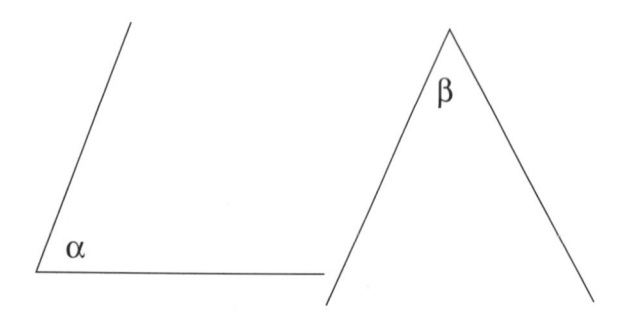

240 Construir um triângulo ABC dados BC, B̂ = β e Â = α.

BC = 7,5 cm

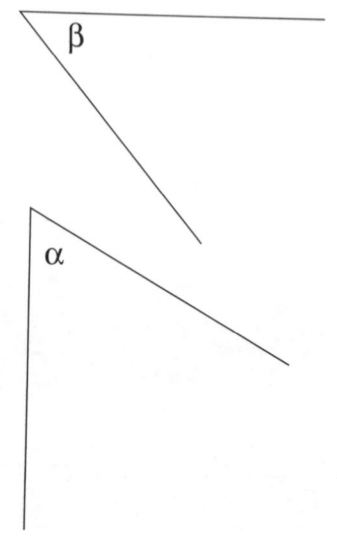

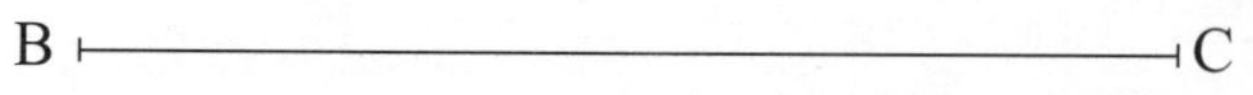

241 Construir um triângulo ABC, nos casos:

a) BC = 65 mm
   $\hat{C} = \gamma$
   $\hat{A} = \alpha$

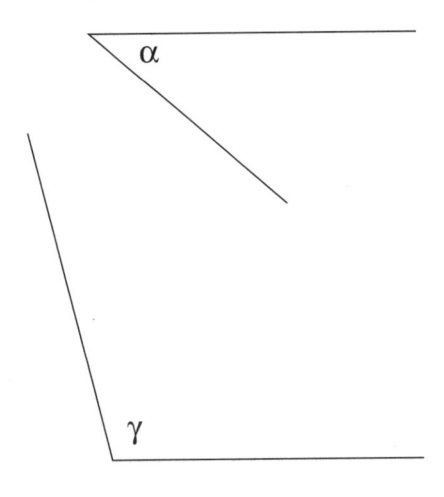

b) BC = 60 mm
   $\hat{B} = \beta$
   $\hat{A} = \alpha$

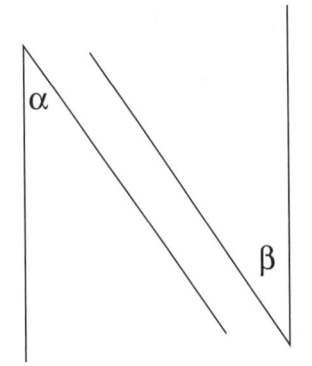

c) AC = 75 mm
   $\hat{B} = \beta$
   $\hat{C} = \gamma$

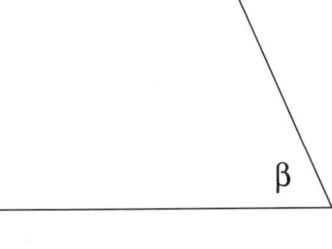

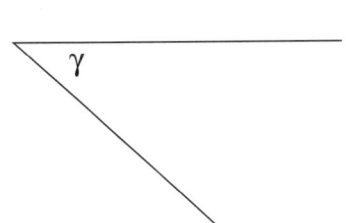

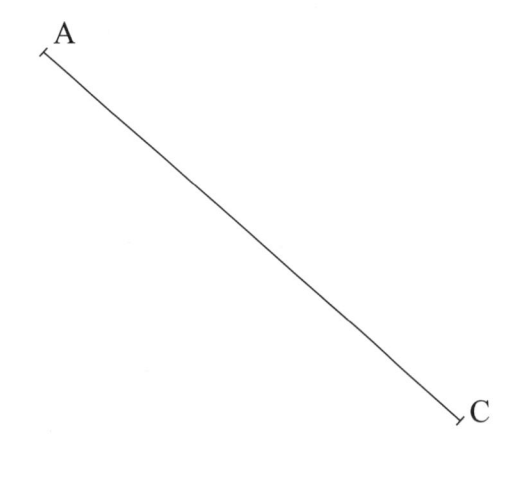

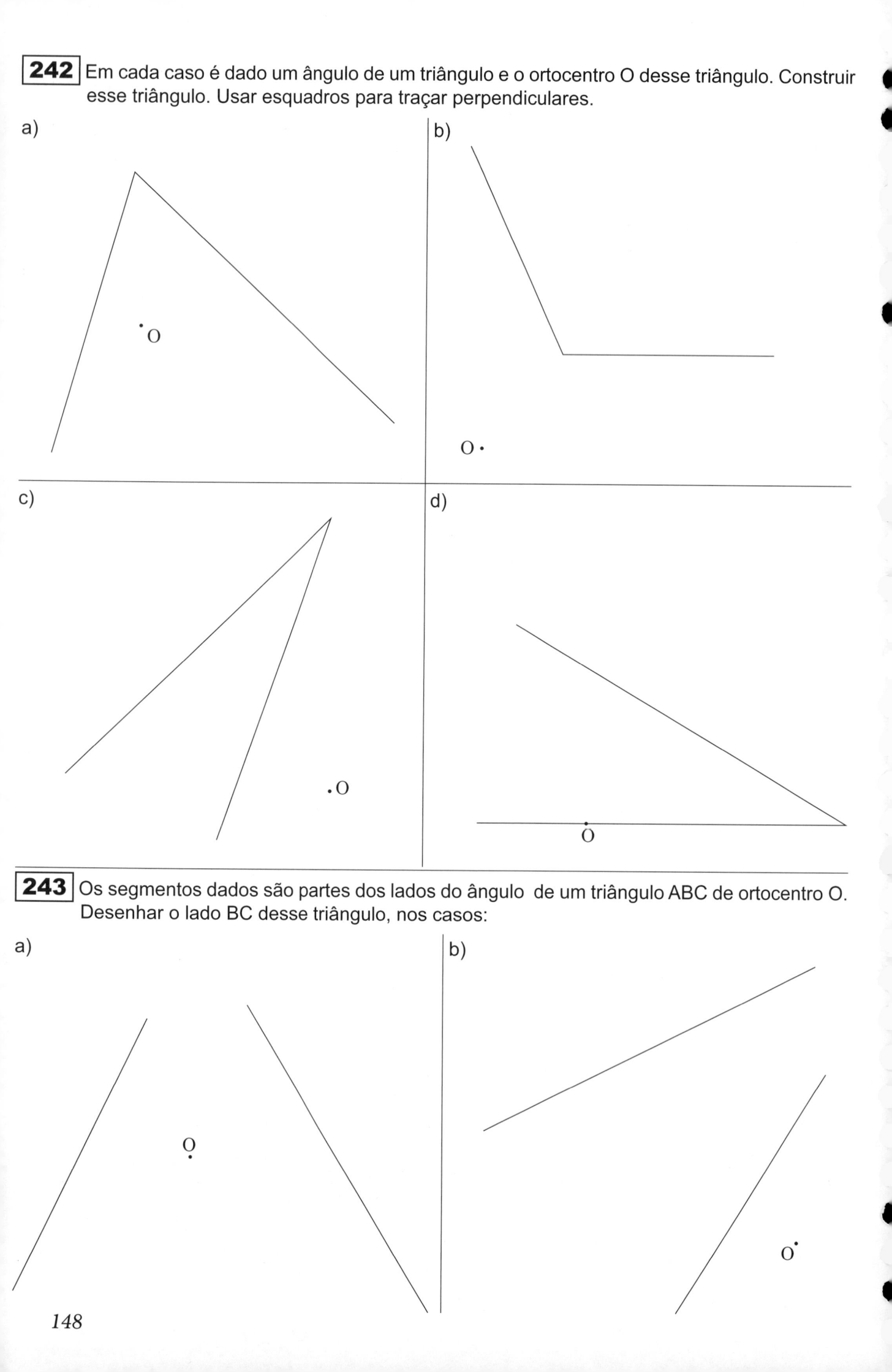

242 Em cada caso é dado um ângulo de um triângulo e o ortocentro O desse triângulo. Construir esse triângulo. Usar esquadros para traçar perpendiculares.

a)

b)

c)

d)

243 Os segmentos dados são partes dos lados do ângulo de um triângulo ABC de ortocentro O. Desenhar o lado BC desse triângulo, nos casos:

a)

b)

148

244 Em cada caso são dados duas retas concorrentes em um pnto que não está na página do desenho e um ponto **P**. Traçar a reta que passa por **P** e pelo ponto de intersecção das retas dadas.

Obs: Usar esquadros.

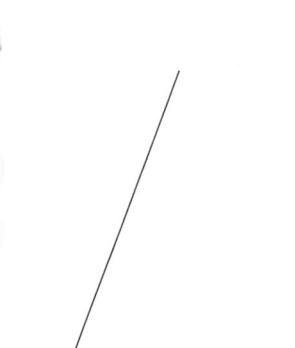

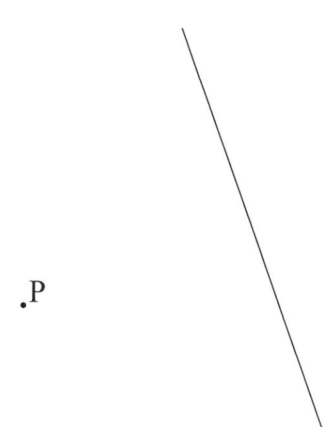

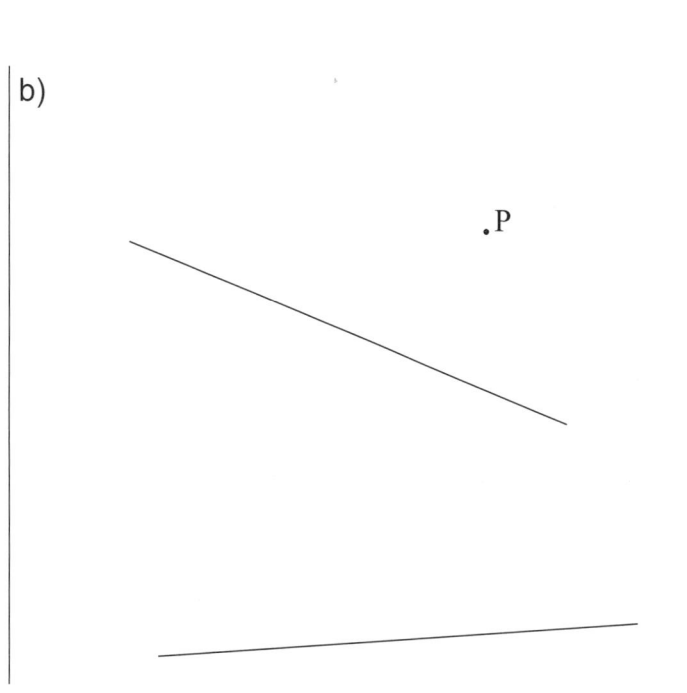

b)

245 Construir um triângulo retângulo ABC de hipotenusa BC, dado um cateto, nos casos:

(Veja como fazer este triângulo, traçando a mediatriz de BC).

a) AC = 6 cm

b) AC = 3,5 cm

246 Construir um triângulo ABC, acutângulo, dado BC e as alturas **g** e **f** relativas, respectivamente, aos vértices **B** e **C**.

BC

g

f

247 Construir um triângulo isósceles ABC de base BC, nos casos:

a)

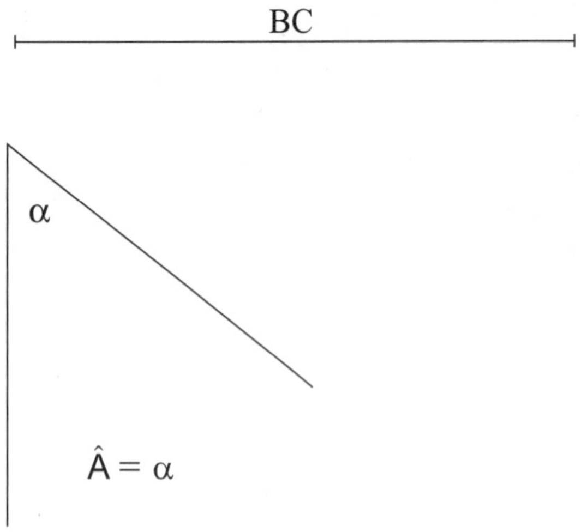

BC

$\hat{A} = \alpha$

B ———————— C

b) A altura relativa à base mede h e $\hat{B} = \beta$.

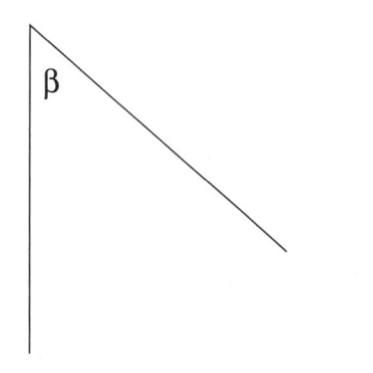

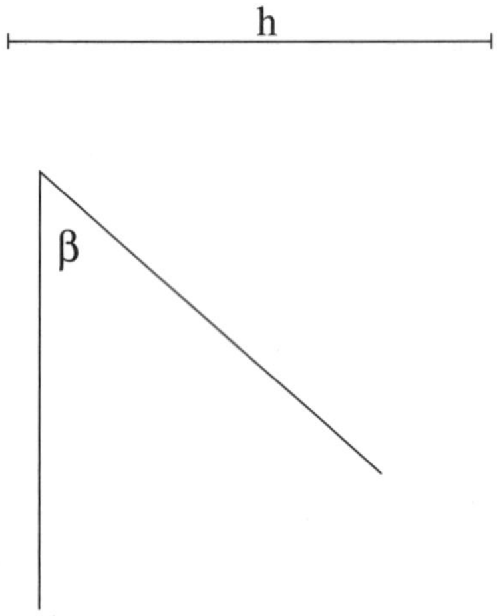

h

c) A altura relativa ao lado AB mede h e $\hat{A} = \alpha$.

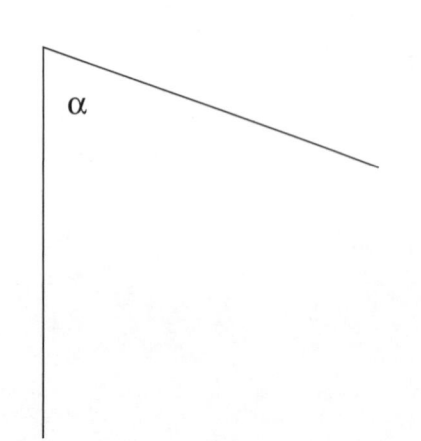

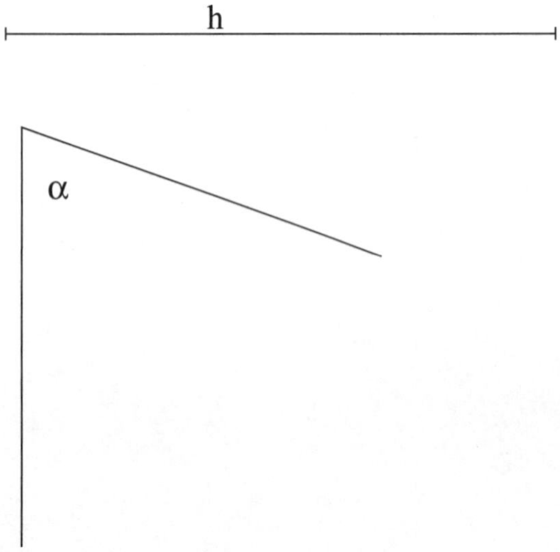

h

248 Construir um triângulo retângulo, nos casos:

(Para traçar paralelas e perpendiculares pode usar o jogo de esquadros).

a) A altura relativa à hipotenusa é h e a projeção ortogonal de um cateto sobre a hipotenusa é n.

|———— h ————|

|——— n ———|

b) A hipotenusa mede 11 cm e a altura relativa à ela mede 4,5 cm.

c) As projeções ortogonais dos catetos sobre a hipotenusa mede 4 cm e 8 cm.

Impressão e Acabamento
Bartira
Gráfica
(011) 4393-2911